チャート式®

中学

数学

3年

準拠ドリル

数研出版
https://www.chart.co.jp

JN008453

本書の
特長と構成

本書は「チャート式 中学数学 ３年」の準拠問題集です。
本書のみでも学習可能ですが，参考書とあわせて使用することで，さらに力がのばせます。

特長

1. チェック→トライ→チャレンジの３ステップで，段階的に学習できます。

2. 巻末のテストで，学年の総まとめと入試対策の基礎固めができます。

3. 参考書の対応ページを掲載。わからないときやもっと詳しく知りたいときにすぐに参照できます。

構成

１項目あたり見開き２ページです。

チェック
基本問題です。ここで単元の要点を確認しましょう。

チャート式参考書の項目番号です。

ポイント
色のついた部分は特に大事なので，おさえておきましょう。

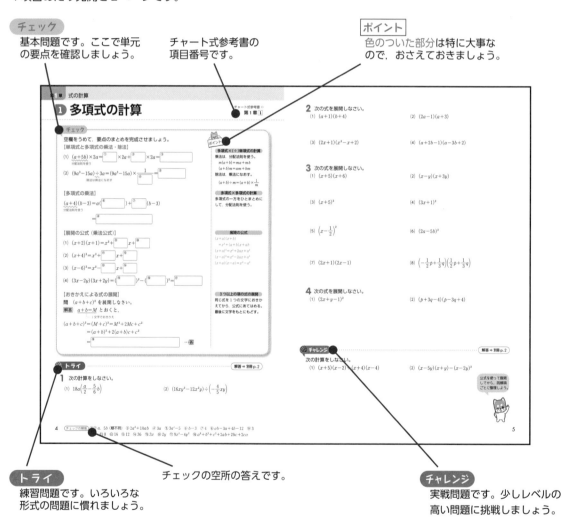

トライ
練習問題です。いろいろな形式の問題に慣れましょう。

チェックの空所の答えです。

チャレンジ
実戦問題です。少しレベルの高い問題に挑戦しましょう。

| 確認問題 | 章ごとに学習内容が定着しているか確認する問題です。 |

| 入試対策テスト | 学年の総まとめと入試対策の基礎固めを行うテストです。 |

もくじ

一緒に
がんばろう！

数研出版公式キャラクター
数犬 チャ太郎

1 多項式の計算

チャート式参考書 >>
第1章 1

チェック

空欄をうめて，要点のまとめを完成させましょう。

ポイント

【単項式と多項式の乗法・除法】

(1) $(a+5b)×2a=$ ①⬚ $×2a+$ ②⬚ $×2a=$ ③⬚
　　　分配法則を使う

(2) $(9a^3-15a)÷3a=(9a^3-15a)×\dfrac{1}{④⬚}=$ ⑤⬚
　　　　　　　除法は乗法になおす

多項式×(÷)単項式の計算

乗法は，分配法則を使う。

$$m(a+b)=ma+mb$$
$$(a+b)m=am+bm$$

除法は，乗法になおす。

$$(a+b)÷m=(a+b)×\dfrac{1}{m}$$

【多項式の乗法】

$(a+4)(b-3)=a($ ⑥⬚ $)+$ ⑦⬚ $(b-3)$
分配法則を使う

$$=\text{⑧⬚}$$

多項式×多項式の計算

多項式の一方をひとまとめにして，分配法則を使う。

【展開の公式 (乗法公式)】

(1) $(x+2)(x+1)=x^2+$ ⑨⬚ $x+$ ⑩⬚

(2) $(x+4)^2=x^2+$ ⑪⬚ $x+$ ⑫⬚

(3) $(x-6)^2=x^2-$ ⑬⬚ $x+$ ⑭⬚

(4) $(3x-2y)(3x+2y)=($ ⑮⬚ $)^2-($ ⑯⬚ $)^2=$ ⑰⬚

展開の公式

$(x+a)(x+b)$
　$=x^2+(a+b)x+ab$
$(x+a)^2=x^2+2ax+a^2$
$(x-a)^2=x^2-2ax+a^2$
$(x+a)(x-a)=x^2-a^2$

【おきかえによる式の展開】

問　$(a+b+c)^2$ を展開しなさい。

解答　$\underline{a+b=M}$ とおくと，
　　　　　1文字でおきかえ

$(a+b+c)^2=(M+c)^2=M^2+2Mc+c^2$

　　　　　$=(a+b)^2+2(a+b)c+c^2$

　　　　　$=$ ⑱⬚ $\cdots$ 答

3つ以上の項の式の展開

同じ式を1つの文字におきかえてから，公式にあてはめる。最後に文字をもとにもどす。

トライ

解答 ⇒ 別冊 p.2

1 次の計算をしなさい。

(1) $18a\left(\dfrac{a}{2}-\dfrac{5}{6}b\right)$

(2) $(16xy^2-12x^2y)÷\left(-\dfrac{4}{5}xy\right)$

チェックの解答 ①② a, $5b$ (順不同) ③ $2a^2+10ab$ ④ $3a$ ⑤ $3a^2-5$ ⑥ $b-3$ ⑦ 4 ⑧ $ab-3a+4b-12$ ⑨ 3 ⑩ 2 ⑪ 8 ⑫ 16 ⑬ 12 ⑭ 36 ⑮ $3x$ ⑯ $2y$ ⑰ $9x^2-4y^2$ ⑱ $a^2+b^2+c^2+2ab+2bc+2ca$

2 次の式を展開しなさい。

(1) $(a+1)(b+4)$

(2) $(2a-1)(a+3)$

(3) $(2x+1)(x^2-x+2)$

(4) $(a+2b-1)(a-3b+2)$

3 次の式を展開しなさい。

(1) $(x+5)(x+6)$

(2) $(x-y)(x+3y)$

(3) $(x+5)^2$

(4) $(3x+1)^2$

(5) $\left(x-\dfrac{1}{2}\right)^2$

(6) $(2a-5b)^2$

(7) $(2x+1)(2x-1)$

(8) $\left(-\dfrac{1}{2}p+\dfrac{1}{3}q\right)\left(\dfrac{1}{2}p+\dfrac{1}{3}q\right)$

4 次の式を展開しなさい。

(1) $(2x+y-1)^2$

(2) $(p+3q-4)(p-3q+4)$

💠 **チャレンジ** ………………………………………………………………………… 解答 ➡ 別冊 p.2

次の計算をしなさい。

(1) $(x+5)(x-2)+(x+4)(x-4)$

(2) $(x-5y)(x+y)-(x-2y)^2$

公式を使って展開
してから，同類項
ごとに整理しよう。

5

2 因数分解

🔖 チェック

空欄をうめて，要点のまとめを完成させましょう。

【共通因数】

$2ab-8ac=2\times a\times b-8\times a\times c=$ ①⬚$(b-$②⬚$)$

共通因数┄

【$x^2+(a+b)x+ab$ の因数分解】

$x^2+5x+6=x^2+($③⬚$+$④⬚$)x+$③⬚$\times$④⬚

たして 5，かけて 6 になる数を探す

$=(x+$⑤⬚$)(x+$⑥⬚$)$

【$x^2\pm2ax+a^2$，x^2-a^2 の因数分解】

(1) $x^2+4x+4=x^2+2\times$⑦⬚$x+$⑦⬚$^2=($⑧⬚$)^2$

(2) $x^2-16=x^2-$⑨⬚$^2=(x+$⑩⬚$)(x-$⑪⬚$)$

【おきかえによる因数分解】

問 $(x+y)^2+(x+y)-12$ を因数分解しなさい。

解答 $x+y=M$ とおくと，

┄ 1文字でおきかえ

$(x+y)^2+(x+y)-12=M^2+M-12$

$=(M+$⑫⬚$)(M-$⑬⬚$)$

$=$⑭⬚ $\cdots$**答**

ポイント

共通因数のくくり出し

因数分解は，まずは共通因数を見つけることから始める。

$$Ma+Mb=M(a+b)$$

因数分解の公式

$x^2+(a+b)x+ab$
$\quad=(x+a)(x+b)$
$x^2+2ax+a^2=(x+a)^2$
$x^2-2ax+a^2=(x-a)^2$
$x^2-a^2=(x+a)(x-a)$

複雑な式の因数分解

同じ式を 1 つの文字におきかえてから，公式にあてはめる。最後に文字をもとにもどす。

🔖 トライ

解答 ➡ 別冊 p. 2

1 次の式を因数分解しなさい。

(1) $3am-5bm$

(2) $3x^2y+12xy$

(3) $2abc+4ab-8ac$

(4) $x(y-2)+y-2$

チェックの解答 ① $2a$ ② $4c$ ③④ 2, 3（順不同） ⑤⑥ 2, 3（順不同） ⑦ 2 ⑧ $x+2$ ⑨ 4 ⑩ 4 ⑪ 4 ⑫ 4 ⑬ 3
⑭ $(x+y+4)(x+y-3)$

2 次の式を因数分解しなさい。

(1) $x^2+8x+12$

(2) $x^2-4x-21$

(3) $x^2-9x-22$

(4) $x^2+10x-56$

3 次の式を因数分解しなさい。

(1) $x^2+14x+49$

(2) y^2-36

(3) $x^2-xy+\dfrac{1}{4}y^2$

(4) $36p^2-49q^2$

(5) $3a^2-18ab+24b^2$

(6) ab^2-4a

(7) $27x^3-12xy^2$

(8) $-2ax^2+4ax+96a$

4 次の式を因数分解しなさい。

(1) $(x+y)^2+3(x+y)+2$

(2) $(2x-y)^2-(x-2y)^2$

チャレンジ ·· 解答 ➡ 別冊 p.2

次の式を因数分解しなさい。

(1) $(x+1)(x-4)-(5-3x)$

(2) $9x^2-12x+4-25y^2$

因数分解の公式を
うまく使うために
はどうすれば良い
かな？

7

3 式の計算の利用

✎ チェック

空欄をうめて，要点のまとめを完成させましょう。

【数の計算・式の値への利用】

(1) $96^2 = (100 - \boxed{①})^2 = 100^2 - 2 \times \boxed{①} \times 100 + \boxed{①}^2$

　　　　　　　　<u>＿＿＿＿＿＿＿</u>
　　　　　　　　展開の公式を使う

$= 10000 - \boxed{②} + \boxed{③} = \boxed{④}$

(2) $x = 56$, $y = 22$ のとき，$x^2 - xy - 6y^2$ の値を求めなさい。

解答　$x^2 - xy - 6y^2 = (x + \boxed{⑤})(x - \boxed{⑥})$

　　　　　　<u>＿＿＿＿＿＿</u>
　　　　　　まず因数分解する

求める式の値は，$x = 56$, $y = 22$ を代入して，

$(56 + \boxed{⑦} \times 22)(56 - \boxed{⑧} \times 22) = \boxed{⑨}$ …**答**

【整数の問題への利用】

問　n を整数として，次の数を n を使って表しなさい。

(1) 連続する整数　n, $\boxed{⑩}$, $\boxed{⑪}$, …

(2) 偶数と奇数　　偶数：$\boxed{⑫}$　　奇数：$\boxed{⑬}$

(3) 整数 a の倍数　$\boxed{⑭}$

【図形の問題への利用】

問　次の値を，指定された文字を使って表しなさい。

(1) 半径 r の円において，

円周 $\ell = \boxed{⑮}$, 　面積 $S = \boxed{⑯}$

(2) 半径 r, 中心角 $a°$ のおうぎ形において，

弧の長さ $\ell = 2\pi r \times \dfrac{\boxed{⑰}}{360}$, 　面積 $S = \pi r^2 \times \dfrac{\boxed{⑰}}{360}$

　　　　　　　　　<u>中心角</u>
　　　　　　　　　360

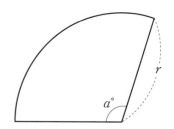

ポイント

計算のくふう

・数の計算
　数や式の形を見て，展開の公式や因数分解の公式を利用し，計算をらくにする。

・式の値の計算
　複雑な式に代入するときは，式を簡単にしてから代入する。

整数の表し方

・連続する 3 つの整数は他にも，$n-1$, n, $n+1$ などの表し方がある。

・奇数は他にも，$2n-1$ などの表し方がある。

✎ トライ

解答 ➡ 別冊 p.3

1　次の計算をしなさい。

(1) 62×58 　　　　　　　　　(2) $66^2 - 34^2$

チェックの解答　①4　②800　③16　④9216　⑤$2y$　⑥$3y$　⑦2　⑧3　⑨-1000　⑩$n+1$　⑪$n+2$　⑫$2n$
　　　　　　⑬$2n+1$　⑭an　⑮$2\pi r$　⑯πr^2　⑰a

2 次の式の値を求めなさい。

(1) $x=17$ のとき，$x^2-4x-21$ の値

(2) $x=\dfrac{1}{2}$ のとき，$(x+6)(x-4)+(5-x)(5+x)$ の値

3 2，3，4 や 5，6，7 のような，中央の数が 3 の倍数である連続する 3 つの整数では，もっとも大きい数の 2 乗からもっとも小さい数の 2 乗をひいた差は，12 の倍数になる。このことを証明しなさい。

4 右の図のように，縦が a m，横が b m の長方形の土地のまわりに幅が p m の道がある。道の中央を通る線の長さを ℓ m，道の面積を S m^2 とすると，$S=p\ell$ が成り立つことを証明しなさい。

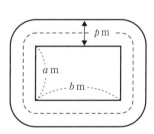

🖋 チャレンジ .... 解答 ➡ 別冊 p.3

連続する 4 つの整数を，小さい方から順に a，b，c，d とする。このとき，$bd-ac$ の値と $a+b+c+d$ の値の間に成り立つ関係を述べ，その関係が正しいことを証明しなさい。

> b，c，d それぞれを，a を使って表してみよう。

1 次の計算をしなさい。

(1) $\dfrac{3}{5}xy(20x-10y+25)$

(2) $(12a^2b^2-9ab^2+3ab)\div\left(-\dfrac{3}{4}ab\right)$

(3) $(12x^3y^2-4x^2y^3)\div(-2xy)^2$

(4) $(6a^2b^2+ab^3)\div ab^2+(18ab^2-27b^3)\div(-3b)^2$

2 次の式を展開しなさい。

(1) $(a+b)(x-y)$

(2) $(a+1)(2a-b-1)$

(3) $(a^2+ab+2b^2)(a-3b)$

(4) $(x^2+x-3)(2x^2-3x+4)$

3 (1)〜(6) の式を展開しなさい。また，(7)・(8) の計算をしなさい。

(1) $(x-3)(x+8)$

(2) $(4x+3)^2$

(3) $\left(a-\dfrac{1}{4}b\right)^2$

(4) $(x-6)(x+6)$

(5) $(x-2y+4)^2$

(6) $(a+b+c)(a-b-c)$

(7) $(x+3)^2-(x-4)(x-5)$

(8) $(3a-2b)^2+(a+3b)(a-7b)$

4 次の式を因数分解しなさい。

(1) $2x^2y-xy$

(2) x^2-6x+8

(3) $x^2+18x+81$

(4) $4x^2-9$

5 次の式を因数分解しなさい。

(1) $ax^3 - ax^2y - 2axy^2$

(2) $(x+y)^2 + 4(x+y) + 3$

(3) $x^2 - (y-1)^2$

(4) $(a-2)(a+3) - ab + 2b$

6 次の計算をしなさい。

(1) $200^2 - 199^2$

(2) 3001×2999

7 次の式の値を求めなさい。

(1) $a = -3$, $b = 5$ のとき, $a^2 + 2ab + b^2$ の値

(2) $x = -\dfrac{1}{2}$, $y = \dfrac{1}{3}$ のとき, $4(x^2 + 6xy - y^2) - 3(2x^2 + 8xy - y^2)$ の値

8 連続する 3 つの偶数の積は 8 の倍数になることを証明しなさい。

9 右の図のように, 3 つの正方形 A, B, C があり, それぞれの 1 辺の長さは a cm, $(b-a)$ cm, b cm である。斜線部分の面積を求めなさい。

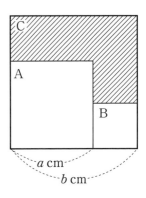

4 平方根

チェック

空欄をうめて，要点のまとめを完成させましょう。

ポイント

【平方根の表し方】

49 の平方根は，$\boxed{①}^2=49$，$(\boxed{②})^2=49$ より，$\boxed{③}$ 。

└──正の数　　　　　└──負の数

> **a の平方根**
> $a>0$ のとき，平方根は $\pm\sqrt{a}$
> $a=0$ のとき，平方根は 0
> $a<0$ のとき，平方根はない。

【$(\sqrt{a})^2$，$(-\sqrt{a})^2$，$\sqrt{a^2}$，$\sqrt{(-a)^2}$ の値】

(1) $(\sqrt{5})^2=\boxed{④}$　　　(2) $(-\sqrt{5})^2=\boxed{⑤}$

(3) $\sqrt{13^2}=\boxed{⑥}$　　　(4) $\sqrt{(-13)^2}=\boxed{⑦}$

> **根号をふくむ数の値**
> $a>0$ のとき，
> $(\sqrt{a})^2=(-\sqrt{a})^2=a$
> $\sqrt{a^2}=\sqrt{(-a)^2}=a$

【平方根の大小】

2, $\sqrt{2}$, $\sqrt{3}$ の大小関係は，$\boxed{⑧}<\boxed{⑨}<\boxed{⑩}$

└──$2=\sqrt{4}$

> **平方根の大小関係**
> 正の数 a，b について，
> $a<b$ ならば，$\sqrt{a}<\sqrt{b}$
> $\sqrt{a}<\sqrt{b}$ ならば，$a<b$

【有理数と無理数】

(1) $-\sqrt{36}=\boxed{⑪}$，$\sqrt{\dfrac{25}{4}}=\boxed{⑫}$ などは，$\boxed{⑬}$ 数である。

(2) $\sqrt{35}$，$-\pi$ などは，$\boxed{⑭}$ 数である。

> **有理数と無理数**
> ・有理数
> 　整数だけを用いた分数の形
> 　で表される。整数も有理数
> 　である。
> ・無理数
> 　上記の形では表せない。

【循環小数】

(1) $\dfrac{7}{9}=0.777\cdots$ より，記号「˙」を使って表すと，$\boxed{⑮}$ 。

　　　　　　　　　　　1 つの数字がくり返されるときは，その数字にのみつける

(2) $0.\dot{2}\dot{7}$ を，約分できない形の分数で表しなさい。

解答　$x=0.\dot{2}\dot{7}$ …㋐　とすると，$100x=\boxed{⑯}$ …㋑

㋑－㋐ より，$99x=\boxed{⑰}$ であり，$x=\boxed{⑱}$ …**答**

> **循環小数の表し方**
> ・くり返しの最初と最後の数
> 　字の上に記号「˙」をつけ
> 　る。
> ・循環小数は，必ず分数で表
> 　すことができる。

トライ

解答 ➡ 別冊 p. 4

1 次の数の平方根を求めなさい。

(1) 81　　　　　　　(2) $\dfrac{36}{49}$　　　　　　　(3) 11

チェックの解答　①7　②−7　③±7　④5　⑤5　⑥13　⑦13　⑧$\sqrt{2}$　⑨$\sqrt{3}$　⑩2　⑪−6　⑫$\dfrac{5}{2}$　⑬有理
⑭無理　⑮$0.\dot{7}$　⑯$27.\dot{2}\dot{7}$　⑰27　⑱$\dfrac{3}{11}$

2 次の数を根号を使わずに表しなさい。

(1) $(\sqrt{7})^2$ (2) $(-\sqrt{5})^2$ (3) $\sqrt{(-6)^2}$

3 3つの数 3, $\sqrt{10}$, $\dfrac{22}{7}$ のうち, もっとも大きい数を答えなさい。

4 4つの数 $\sqrt{0.01}$, $\sqrt{0.1}$, $\sqrt{10}$, $\sqrt{100}$ を, 有理数と無理数に分けなさい。

5 次の問いに答えなさい。

(1) $\dfrac{5}{3}$ を, 循環小数で表しなさい。

(2) $0.1\dot{5}$ を, 約分できない形の分数で表しなさい。

> 💠 **チャレンジ** ・・ 解答 ➡ 別冊 p.4
>
> n を自然数とするとき, $n < \sqrt{a} < n+1$ となるような自然数 a の個数を, n を使って表しなさい。

> $\sqrt{a}$ ではなく, a についての不等式になおしてみよう。

5 根号をふくむ式の計算①

チェック

空欄をうめて，要点のまとめを完成させましょう。

【根号をふくむ式の変形】

(1) $3\sqrt{5} = \sqrt{\boxed{①}^2 \times 5} = \sqrt{\boxed{②}}$

(2) $\sqrt{\dfrac{5}{36}} = \sqrt{\dfrac{5}{\boxed{③}^2}} = \boxed{④}$

【平方根の乗法・除法】

(1) $\sqrt{12} \times \sqrt{98} = \sqrt{2^2 \times 3} \times \sqrt{2 \times 7^2}$

$\qquad = \boxed{⑤}\sqrt{3} \times \boxed{⑥}\sqrt{2} = \boxed{⑦}$

(2) $\sqrt{56} \div 2\sqrt{7} = \dfrac{\sqrt{56}}{2\sqrt{7}} = \dfrac{1}{2} \times \sqrt{\dfrac{56}{7}} = \boxed{⑧}$

【分母の有理化】

$\dfrac{1}{\underset{\text{分母・分子に同じ数をかける}}{\sqrt{3}}} = \dfrac{\boxed{⑨}}{\sqrt{3} \times \sqrt{3}} = \boxed{⑩}$

【根号をふくむ式の加法・減法】

$\underset{\sqrt{}\text{の中を簡単にする}}{\sqrt{75}} - \sqrt{27} + \sqrt{12} = \boxed{⑪}\sqrt{3} - \boxed{⑫}\sqrt{3} + 2\sqrt{3} = \boxed{⑬}$

ポイント

$\sqrt{}$ をふくむ式の変形
正の数 a，k について，
$\sqrt{k^2 a} = k\sqrt{a}$
$\sqrt{\dfrac{a}{k^2}} = \dfrac{\sqrt{a}}{k}$

平方根の乗法・除法
正の数 a，b について，
$\sqrt{a} \times \sqrt{b} = \sqrt{ab}$
$\dfrac{\sqrt{a}}{\sqrt{b}} = \sqrt{\dfrac{a}{b}}$

分母の有理化のしかた
分母・分子に同じ数をかけて，分母に $\sqrt{}$ がない形にする。

平方根の加法・減法
$\sqrt{a}$ を文字とみて，同類項をまとめて計算する。
$m\sqrt{a} \pm n\sqrt{a} = (m \pm n)\sqrt{a}$

トライ

解答 ⇒ 別冊 p.4

1 次の問いに答えなさい。

(1) 次の数を変形して，$\sqrt{a}$ の形に表しなさい。

① $4\sqrt{3}$

② $\dfrac{\sqrt{40}}{2}$

(2) 次の数を変形して，$\sqrt{}$ の中をできるだけ小さい自然数にしなさい。

① $\sqrt{54}$

② $\sqrt{0.03}$

チェックの解答 ①3 ②45 ③6 ④$\dfrac{\sqrt{5}}{6}$ ⑤2 ⑥7 ⑦$14\sqrt{6}$ ⑧$\sqrt{2}$ ⑨$\sqrt{3}$ ⑩$\dfrac{\sqrt{3}}{3}$ ⑪5 ⑫3 ⑬$4\sqrt{3}$

2 次の計算をしなさい。

(1) $\sqrt{27} \times \sqrt{8}$

(2) $2\sqrt{15} \div \sqrt{12}$

(3) $3\sqrt{15} \times 2\sqrt{8}$

(4) $(-2\sqrt{3})^2$

(5) $\sqrt{8} \div \sqrt{6} \times \sqrt{12}$

(6) $\sqrt{7} \times \sqrt{21} \times \sqrt{30}$

3 次の数の分母を有理化しなさい。

(1) $\dfrac{1}{\sqrt{5}}$

(2) $\dfrac{\sqrt{7}}{\sqrt{2}}$

(3) $\dfrac{\sqrt{3}}{\sqrt{8}}$

4 次の計算をしなさい。

(1) $2\sqrt{3} - \sqrt{6} - \sqrt{3} + 5\sqrt{6}$

(2) $4\sqrt{2} + \sqrt{18}$

(3) $\sqrt{28} - \sqrt{63}$

(4) $\sqrt{32} + \sqrt{8} - \sqrt{2}$

√ の中を簡単な数にしてから計算しよう。

(5) $5\sqrt{2} - \sqrt{8} + \sqrt{18}$

(6) $\sqrt{12} + \sqrt{48} - \sqrt{108}$

解答 ➡ 別冊 p.5

💬 **チャレンジ** ....

次の計算をしなさい。

(1) $\sqrt{96} \times (-\sqrt{18}) \div 3\sqrt{3}$

(2) $\sqrt{135} \times \dfrac{\sqrt{6}}{3} \div \sqrt{\dfrac{5}{3}}$

(3) $\dfrac{6\sqrt{2}}{\sqrt{3}} + \dfrac{\sqrt{54}}{2} - \sqrt{\dfrac{3}{2}}$

(4) $\dfrac{4}{\sqrt{2}} - \dfrac{3}{2\sqrt{2}} + \sqrt{8} + \sqrt{\dfrac{9}{2}}$

6 根号をふくむ式の計算②

チェック

空欄をうめて，要点のまとめを完成させましょう。

【根号をふくむ式の計算】

(1) $\underset{\text{展開の公式を使う}}{\underline{(\sqrt{6}-3)(\sqrt{6}+5)}}=(\sqrt{6})^2+\boxed{①}\sqrt{6}-3\times\boxed{②}$

$=\boxed{③}$

(2) $\underset{\text{分母を有理化する}}{\underline{\dfrac{2\sqrt{7}}{\sqrt{3}}-\dfrac{5}{\sqrt{21}}}}=\dfrac{2\sqrt{7}\times\sqrt{\boxed{④}}}{3}-\dfrac{5\sqrt{\boxed{⑤}}}{21}$

$=\left(\dfrac{2}{3}-\dfrac{5}{21}\right)\sqrt{\boxed{⑥}}=\boxed{⑦}$

【平方根と式の値】

問　$x=\sqrt{7}-3$ のとき，x^2+6x の値を求めなさい。

解答　$x^2+6x=\underset{\text{まず因数分解する}}{\underline{x(\boxed{⑧})}}=(\sqrt{7}-3)(\sqrt{7}+\boxed{⑨})$

$=(\sqrt{7})^2-\boxed{⑩}=\boxed{⑪}$ …答

【無理数の整数部分，小数部分】

問　$2\sqrt{3}$ の整数部分 a，小数部分 b の値を求めなさい。

解答　$2\sqrt{3}=\sqrt{\boxed{⑫}}$，$\sqrt{3^2}<\sqrt{\boxed{⑫}}<\sqrt{4^2}$ より，

$\boxed{⑬}<2\sqrt{3}<\boxed{⑭}$ なので，$a=\boxed{⑮}$

$\underset{\text{(小数部分)＝(数)－(整数部分)}}{\underline{b=2\sqrt{3}-a}}=\boxed{⑯}$ …答

ポイント

√ をふくむ式の計算

・$\sqrt{a}$ を文字とみて，展開の公式などを利用する。

・√ の中はなるべく簡単にして計算する。

・分母は有理化する。

整数部分・小数部分の表し方

正の数 x に対して，

$n<x<n+1$（n は自然数）

ならば，x の整数部分は n，

小数部分は $x-n$

トライ

解答 ➡ 別冊 p.5

1 次の計算をしなさい。

(1) $\sqrt{3}(\sqrt{2}-2\sqrt{3})$

(2) $\sqrt{6}(5\sqrt{3}-\sqrt{18})$

(3) $(\sqrt{6}+2)(\sqrt{3}-\sqrt{2})$

(4) $(\sqrt{7}+4)(\sqrt{7}-1)$

チェックの解答　①2　②5　③$-9+2\sqrt{6}$　④3　⑤21　⑥21　⑦$\dfrac{3\sqrt{21}}{7}$　⑧$x+6$　⑨3　⑩9　⑪-2　⑫12　⑬3　⑭4　⑮3　⑯$2\sqrt{3}-3$

2 次の計算をしなさい。

(1) $\dfrac{3}{\sqrt{6}}(\sqrt{12}+\sqrt{54})$

(2) $(\sqrt{32}-3)(\sqrt{18}-\sqrt{12})$

(3) $\dfrac{12}{\sqrt{3}}+(2-\sqrt{3})^2$

(4) $(2\sqrt{3}-\sqrt{6})(2+\sqrt{2})-(\sqrt{6}-3\sqrt{2})^2$

3 $x=\sqrt{2}+1$，$y=\sqrt{2}-1$ のとき，次の式の値を求めなさい。

(1) $x+y$

(2) xy

(3)や(4)は，(1)と(2)の結果を使うとらくに計算できそうだよ。

(3) x^2y+xy^2

(4) x^2-y^2

4 $4\sqrt{5}-1$ の整数部分を a，小数部分を b とするとき，次の値を求めなさい。

(1) a

(2) b

(3) b^2+7b

解答 ➡ 別冊 p.5

🖊 **チャレンジ** ………………………………………………………………

$\sqrt{582-6n}$ が整数となるような自然数 n の値をすべて求めなさい。

$\sqrt{}$ の中の数が，整数の2乗の値となるときを考えよう。

7 近似値と有効数字

チェック

空欄をうめて，要点のまとめを完成させましょう。

【平方根の値】

問 $\sqrt{2}=1.414$ とするとき，$\sqrt{200}$ の値を求めなさい。

[解答] $\sqrt{200}=\sqrt{\boxed{①}\times 2}=\boxed{②}\sqrt{2}$

$=\boxed{②}\times\underline{1.414}=\boxed{③}$ …[答]

└─── 与えられた値を代入

近似値の計算
与えられた値が使えるように変形する。

【真の値の範囲と誤差の範囲】

あるものの長さを測ったところ，小数第2位を四捨五入したときの近似値が 27.8 mm であった。真の値を a mm とすると，a の値の範囲は，$\boxed{④}\leqq a<\boxed{⑤}$ である。

このとき，誤差の絶対値は $\boxed{⑥}$ mm 以下である。

近似値と誤差
四捨五入で考える場合，数直線で整理すると下のようになる。

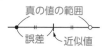

真の値の範囲
誤差　近似値

【近似値と有効数字】

(1) 近似値 149600000 の有効数字が5けたであるとき，
信頼できる数字は $\boxed{⑦}$ であり，
近似値は $\boxed{⑧}\times 10^8$ と表される。

(2) 近似値 0.00546 の有効数字が2けたであるとき，
$(=5.46\times\frac{1}{10^3})$
信頼できる数字は $\boxed{⑨}$ であり，
近似値は $\boxed{⑩}\times\frac{1}{10^3}$ と表される。

有効数字 m けたで表す方法
n を自然数として，
$a\times 10^n$ または $a\times\frac{1}{10^n}$ と表す。ただし，a は小数部分をふくめて m けたの数で，整数部分は1けたになるようにする。また，指定のけた数の1つ下の位の数字は四捨五入することに注意する。

トライ

解答 ➡ 別冊 p.5

1 $\sqrt{5}=2.236$，$\sqrt{50}=7.071$ として，次の値を求めなさい。

(1) $\sqrt{500}$　　　　　(2) $\sqrt{5000}$

(3) $\sqrt{0.5}$　　　　　(4) $\sqrt{0.05}$

[チェックの解答] ① 100 ② 10 ③ 14.14 ④ 27.75 ⑤ 27.85 ⑥ 0.05 ⑦ 1,4,9,6,0 ⑧ 1.4960 ⑨ 5,4 ⑩ 5.5

2 あるものの重さを測ったところ，次の (1)，(2) のような測定値を得た。この重さの真の値を a g とするとき，a の値の範囲を，不等号を使って表しなさい。

(1) 小数第 2 位を四捨五入した近似値が 42.1 g である。

近似値のけた数によって，真の値の範囲が変わってくるんだね。

(2) 小数第 3 位を四捨五入した近似値が 42.10 g である。

3 次の近似値の有効数字が（ ）内のけた数であるとき，それぞれの近似値を，$a \times 10^n$ または $a \times \dfrac{1}{10^n}$ の形で表しなさい。ただし，a は整数部分が 1 けたの数，n は自然数とする。

(1) 830000 （3 けた）

(2) 0.000478 （4 けた）

(3) 50850 （3 けた）

(4) 0.00784 （2 けた）

4 $\dfrac{11}{40}$ の近似値を 0.3 とするとき，誤差を求めなさい。

解答 ➡ 別冊 p.6

チャレンジ

ある生徒の身長を測り，162 cm という結果を得た。この身長の真の値を x とするとき，次の問いに答えなさい。

(1) 次の各場合に，x はどんな範囲にあるか。不等号を使って表しなさい。

① 1 cm 未満を四捨五入したとき　　　② 1 cm 未満を切り上げたとき

(2) 測定値 162 cm が，1 cm 未満を切り下げて得られたとする。そのときの誤差の絶対値を e とすると，e はどんな範囲にあるか。不等号を使って表しなさい。

1 次の中から正しいものを 2 つ選び，記号で答えなさい。

① 64 の平方根は 8 である。　　　② 6 は 36 の平方根である。

③ $\sqrt{(-5)^2}=-5$ である。　　　④ $\sqrt{9}=\pm 3$ である。

⑤ $\sqrt{\dfrac{81}{4}}$ は有理数である。　　　⑥ $\sqrt{121}$ は無理数である。

2 $2<\sqrt{a}<\dfrac{10}{3}$ を満たす正の整数 a の値をすべて求めなさい。

3 次の循環小数を，約分できない形の分数で表しなさい。

(1) $0.4\dot{0}\dot{5}$　　　　　(2) $2.0\dot{3}\dot{1}$

4 次の計算をしなさい。分母は有理化して答えなさい。

(1) $\sqrt{24}\times\sqrt{30}$　　　　　(2) $\sqrt{15}\div\sqrt{8}$

(3) $\sqrt{20}-\dfrac{30}{\sqrt{5}}+\sqrt{45}$　　　　　(4) $2\sqrt{5}+\dfrac{7}{\sqrt{5}}-\sqrt{125}$

5 次の計算をしなさい。

(1) $(\sqrt{5}-\sqrt{3})^2$　　　　　(2) $(3+2\sqrt{5})(3-2\sqrt{5})$

6 $x = \sqrt{3} + 1$ のとき，次の式の値を求めなさい。

(1) $x^2 - 2x$ (2) $x^2 - 1$

7 $\sqrt{49 - 3n}$ が整数となるような自然数 n の値をすべて求めなさい。

8 $\sqrt{10} - 1$ の整数部分を a，小数部分を b とするとき，次の値を求めなさい。

(1) $(a - b)^2$ (2) $(3a + b)b$

9 $\sqrt{2} = 1.414$，$\sqrt{3} = 1.732$ として，次の値を求めなさい。

(1) $\sqrt{18}$ (2) $\sqrt{50}$ (3) $\sqrt{0.75}$

10 ある生徒の 100 m 走のタイムを測り，小数第 2 位を四捨五入して得られた測定値は，14.1 秒であった。この真の値を a 秒として，a の値の範囲を不等号を使って表しなさい。

11 ある年の全国のキャベツの生産量は，約 1443000 トンであった。有効数字を 3 けたとして，生産量を $a \times 10^n$ の形で表しなさい。ただし，a は整数部分が 1 けたの数，n は自然数とする。

8 2次方程式①

チャート式参考書 >>
第3章 7

チェック

空欄をうめて，要点のまとめを完成させましょう。

【2次方程式とその解】

(1) ア $2x^2=5x+3$　イ $x^2+6=5$　ウ $8x-2=7$

エ $(x-1)(x+3)=x^2+2$　オ $4x(x-2)=5$

このうち，2次方程式は ① [　　] と ② [　　] と ③ [　　] であ
る。

(2) 0, 1, 2, 3 のうち，2次方程式 $x^2-3x+2=0$ の<u>解</u>であるもの
は ④ [　　] と ⑤ [　　] である。

代入すると式が成り立つ値

【因数分解による解き方】

問　2次方程式 $x^2-5x-14=0$ を解きなさい。

解答 $x^2-5x-14=(x+$ ⑥[　　]$)(x-$ ⑦[　　]$)=0$

となるから，$x=$ ⑧[　　]，⑨[　　] …**答**

【平方根の考えを使った解き方】

問　2次方程式 $3x^2-48=0$ を解きなさい。

解答 $3x^2=48$ より，$x^2=$ ⑩[　　] となるから，$x=$ ⑪[　　] …**答**

【$(x+m)^2=k$ の形に変形して解く】

問　2次方程式 $x^2-2x-1=0$ を解きなさい。

解答 $x^2-2x=1$ より，$\underset{2乗の形をつくる}{\underline{x^2-2x+1^2=1+1^2}}$ とすると，

$(x-$ ⑫[　　]$)^2=$ ⑬[　　] となるから，$x=$ ⑭[　　] …**答**

ポイント

2次方程式とは
- 移項して整理すると
$ax^2+bx+c=0$
（a, b, c は定数で，$a\neq0$）
の形になる方程式を，x に
ついての2次方程式という。
- 2次方程式を成り立たせる
文字の値を<u>解</u>という。

因数分解の利用
（1次式）×（1次式）=0 の形
をつくり，「$AB=0$ ならば
$A=0$ または $B=0$」を使っ
て解く。

平方根の利用①
$x^2=k\ (k\geqq0)$ の形をつくり，
$x=\pm\sqrt{k}$ を使って解く。

平方根の利用②
$(x+m)^2=k\ (k\geqq0)$ の形を
つくり，$x=-m\pm\sqrt{k}$ を
使って解く。

トライ

解答 ➡ 別冊 p.7

1 0, 1, 2 のうち，2次方程式 $x^2-x-2=0$ の解であるものを選びなさい。

代入して式が成り
立てば，解である
といえるね。

チェックの解答 ①②③ ア，イ，オ（順不同）　④⑤1, 2（順不同）　⑥2　⑦7　⑧⑨ -2, 7（順不同）　⑩16　⑪ ±4　⑫1
⑬2　⑭ $1\pm\sqrt{2}$

2 因数分解を利用して，次の方程式を解きなさい。

(1) $(x-2)(x+7)=0$

(2) $x^2+6x=0$

(3) $x^2-8x+15=0$

(4) $x^2-4x-12=0$

(5) $x^2-9x+14=0$

(6) $x^2+12x+36=0$

(7) $x^2-8x-48=0$

(8) $x^2-3x-4=0$

(9) $x^2+x-20=0$

(10) $x^2+4x-12=0$

(11) $x^2-49=0$

(12) $x^2+16x+64=0$

3 平方根の考え方を利用して，次の方程式を解きなさい。

(1) $x^2=6$

(2) $(x-1)^2=5$

4 $(x+m)^2=k$ $(k\geqq0)$ の形に変形して，次の方程式を解きなさい。

(1) $x^2+4x-2=0$

(2) $x^2-7x+4=0$

解答 ➡ 別冊 p.7

チャレンジ

次の等式の □ には同じ整数が入る。その値を求めなさい。

$(□-4)\times□=3-2\times□$

9 2次方程式②

✏️ チェック

空欄をうめて，要点のまとめを完成させましょう。

【解の公式の利用】

問　2次方程式 $x^2+5x+3=0$ を解きなさい。

解答　$ax^2+bx+c=0$ のときの解の公式にあてはめると，

$a=$ ①[　]，$b=$ ②[　]，$c=$ ③[　] であるから，

$$x=\dfrac{-b\pm\sqrt{b^2-\text{⑤}[\ ]ac}}{\text{④}[\ ]a}=\text{⑥}[\qquad]\ \cdots\text{答}$$

【複雑な2次方程式】

問　方程式 $(x-2)(x+1)=2$ を解きなさい。

解答　展開して整理すると，x^2-x- ⑦[　]$=0$ となるから，

<u>「＝0」にしてから解を求める</u>

解の公式より，$x=$ ⑧[　]　$\cdots$答

【解が与えられた2次方程式】

問　2次方程式 $x^2+ax-10=0$ の1つの解が -2 のとき，a の値ともう一つの解を求めなさい。

解答　$x=-2$ を代入すると，$-2a-6=0$ より，$a=$ ⑨[　]

よって，方程式は x^2- ⑩[　]$x-10=0$ となるから，

<u>求まった a の値を代入する</u>

$(x+2)(x-$ ⑪[　]$)=0$ より，<u>もう1つの解</u>は $x=$ ⑫[　]　$\cdots$答

<u>$x=-2$ はすでにわかっている</u>

🐱 ポイント

2次方程式の解の公式

2次方程式 $ax^2+bx+c=0$ の解は，

$$x=\dfrac{-b\pm\sqrt{b^2-4ac}}{2a}$$

b が偶数 $(b=2b')$ のときは，

$$x=\dfrac{-b'\pm\sqrt{b'^2-ac}}{a}$$

とすると計算がらくになる。

2次方程式を解く手順

❶ $ax^2+bx+c=0$ の形にする。

❷因数分解できるか考える。

❸できなければ，解の公式や，平方根の考え方を利用する。

方程式の解

x についての方程式の解がわかっているときは，その値を x に代入して考えることができる。

💬 トライ

解答 ➡ 別冊 p.7

1 解の公式を利用して，次の方程式を解きなさい。

(1) $x^2+x-5=0$

(2) $x^2-9x+7=0$

(3) $3x^2-5x+1=0$

(4) $5x^2+9x+2=0$

チェックの解答 ①1 ②5 ③3 ④2 ⑤4 ⑥$\dfrac{-5\pm\sqrt{13}}{2}$ ⑦4 ⑧$\dfrac{1\pm\sqrt{17}}{2}$ ⑨-3 ⑩3 ⑪5 ⑫5

2 解の公式を利用して，次の方程式を解きなさい。

(1) $x^2 - 4x + 2 = 0$

(2) $2x^2 + 6x + 3 = 0$

(3) $x^2 - \dfrac{8}{3}x + \dfrac{2}{3} = 0$

(4) $0.7x^2 + x - 0.1 = 0$

3 次の方程式を解きなさい。

(1) $(3x - 1)(x + 9) = 26x$

(2) $(x + 1)^2 = 5x$

(3) $(x - 6)(x + 6) = 20 - x$

(4) $(x - 4)(x - 1) = 2(x^2 + 3)$

4 次の問いに答えなさい。

(1) 2次方程式 $x^2 - x + a = 0$ の解の1つが -2 のとき，a の値ともう1つの解を求めなさい。

(2) 2次方程式 $x^2 - ax - 15 = 0$ の解の1つが -3 のとき，a の値ともう1つの解を求めなさい。

チャレンジ .... 解答 ➡ 別冊 p.7

2次方程式 $x^2 - (a - b)x + b = 0$ の解が -2, 1 であるとき，a, b の値を求めなさい。

> 2つの解をそれぞれ代入すると，a, b についての連立1次方程式ができるよ。

10 2次方程式の利用①

チェック

空欄をうめて，要点のまとめを完成させましょう。

【整数の問題への利用】

問 連続する3つの正の偶数があり，最小の数と最大の数の積が192であるとき，この3つの偶数を求めなさい。

解答 連続する3つの正の偶数は，n を整数として，

小さい方から順に，⟨①　　　　⟩，$2n$，⟨②　　　　⟩ と表される。

$(①　　　　) \times (②　　　　) = 192$ より，$n = ③　　　$，$④　　　$

（最小）×（最大）＝192

となるが，$2n$ が正の偶数なので，適する値は $n = ⑤　　　$ である。

よって，この3つの偶数は小さい方から順に，

⟨⑥　　　⟩，⟨⑦　　　⟩，⟨⑧　　　⟩ となる。 …答

ポイント

文章題を解く手順
- ❶数量を文字で表す。
- ❷問題文から方程式をつくる。
- ❸方程式を解く。
- ❹解が問題に適しているかを確かめる。

【点の移動の問題への利用】

問 AB＝10 cm，BC＝20 cm の長方形 ABCD において，点 P は辺 AB 上を秒速1 cm でAからBまで移動し，点 Q は辺 BC 上を秒速2 cm でBからCまで移動する。点 P，Q が同時に出発したとき，△PBQ の面積が16 cm² になるのは，出発してから何秒後か求めなさい。

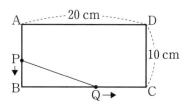

解答 点 P，Q が出発してから x 秒後において，

BP＝$(⑨　　　)$ cm，BQ＝$⑩　　　$ cm なので，

$\triangle PBQ = \dfrac{1}{2} \times (⑨　　　) \times ⑩　　　 = 16$ より，$x = ⑪　　　$，$⑫　　　$ となる。

これらは，問題に適している。よって，⑪　　　秒後と ⑫　　　秒後。 …答

トライ

解答 ➡ 別冊 p.8

1 ある数 x を2乗した数は，x を12倍した数より36小さい。ある数 x を求めなさい。

チェックの解答 ① $2n-2$ ② $2n+2$ ③④ 7，−7（順不同） ⑤ 7 ⑥ 12 ⑦ 14 ⑧ 16 ⑨ $10-x$ ⑩ $2x$ ⑪⑫ 2，8（順不同）

2 連続する 2 つの自然数の 2 乗の和が 145 となるとき，この 2 つの自然数を求めなさい。

3 ある自然数 x を 2 乗してから 5 をひくところを，2 倍してから 5 を加えてしまったため，正しい答えよりも 7 大きくなった。このとき，ある自然数 x を求めなさい。

4 BC＝12 cm，AC＝10 cm，∠C＝90° の △ABC がある。点 P，Q が同時に頂点 C を出発して，点 P は辺 AC 上を秒速 1 cm で頂点 A まで移動し，点 Q は辺 BC 上を秒速 1 cm で頂点 B まで移動する。このとき，△PBQ の面積が 16 cm² となるのは，出発してから何秒後か求めなさい。

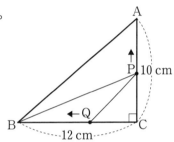

チャレンジ ‥‥‥‥‥‥‥‥‥‥‥‥‥‥‥‥‥‥‥‥‥‥‥‥‥‥‥‥ 解答 ➡ 別冊 p. 8

右は，ある月のカレンダーである。このカレンダーの中のある数を x とする。x の真下の数に x の左どなりの数をかけて 15 を加えた数は，x に 16 をかけて 13 をひいた数と等しくなる。このとき，このカレンダーの中のある数 x を求めなさい。

日	月	火	水	木	金	土
		1	2	3	4	5	6
7	8	9	10	11	12	13
14	15	16	17	18	19	20
21	22	23	24	25	26	27
28	29	30	31			

x の真下の数と左どなりの数は，どのように表されるかな？

11 2次方程式の利用②

✐ チェック

空欄をうめて，要点のまとめを完成させましょう。

【面積の問題への利用】

問　縦 $(15-x)$ m，横 $(28-x)$ m の長方形の面積が 300 m^2 である
とき，x の値を求めなさい。

解答　$(15-x)($ ① ⬚ $)=$ ② ⬚ より，$x=$ ③ ⬚ ，④ ⬚

⎣⋯(縦)×(横)＝(面積)

となるが，長方形の縦と横の長さは正の値なので，

15−x ⋯⎦　⎣⋯ 28−x

適する値は $x=$ ⑤ ⬚ である。 …**答**

【速さの問題への利用】

問　P さんが時速 x km で $(x+1)$ 時間歩いたところ，歩いた道の
りは 12 km であった。このとき，x の値を求めなさい。

解答　$x×($ ⑥ ⬚ $)=$ ⑦ ⬚ より，$x=$ ⑧ ⬚ ，⑨ ⬚ となる

⎣⋯(速さ)×(時間)＝(道のり)

が，x は正の数なので，適する値は $x=$ ⑩ ⬚ である。 …**答**

> **速さ・道のり・時間の関係**
> (速さ)＝(道のり)÷(時間)
> (時間)＝(道のり)÷(速さ)
> (道のり)＝(速さ)×(時間)

【座標の問題への利用】

問　右の図のように，原点 O，A(10, 10) を両端とする線分 OA 上に
点 P，x 軸上に点 Q をとる。△PQO の面積が 18 cm^2 のとき，点 P の
座標を求めなさい。

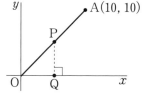

解答　2 点 O，A を通る直線の式は，⑪ ⬚ より，

点 P の x 座標を p とすると，y 座標は ⑫ ⬚ と表される。

$△PQO=\dfrac{1}{2}×p×$ ⑬ ⬚ $=18$ より，$p=$ ⑭ ⬚ ，⑮ ⬚ となるが，

図より ⑯ ⬚ $<p≦$ ⑰ ⬚ なので，P の座標は (⑱ ⬚ ，⑲ ⬚) である。 …**答**

✐ トライ

解答 ➡ 別冊 p.8

1　横の長さが縦の長さの 2 倍の長方形がある。この長方形の縦を 2 cm，横を 4 cm 長くした
ところ，面積は 72 cm^2 になった。このとき，もとの長方形の縦の長さを求めなさい。

チェックの解答 ①28−x ②300 ③④3，40 (順不同) ⑤3 ⑥$x+1$ ⑦12 ⑧⑨3，−4 (順不同) ⑩3 ⑪$y=x$
⑫p ⑬p ⑭⑮6，−6 (順不同) ⑯0 ⑰10 ⑱6 ⑲6

2 長さ 56 cm のひもがある。このひもを 1 ヶ所で切って 2 本にし，それぞれで正方形をつくったところ，面積の和が 130 cm² になった。それぞれの正方形の 1 辺の長さを求めなさい。

3 秒速 35 m でボールを地上から真上に打ち上げたとき，ボールが打ち上げられてから地上に落ちてくるまでの間，打ち上げてから x 秒後のボールの高さは，$(35x - 5x^2)$ m であった。ボールの高さが 50 m になるのは，打ち上げてから何秒後か求めなさい。

4 右の図のように，2 点 A$(0, 10)$，B$(5, 0)$ を両端とする線分 AB 上に点 P をとり，P から x 軸，y 軸にひいた垂線と x 軸，y 軸との交点を，それぞれ Q，R とする。

(1) 直線 AB の式を求めなさい。

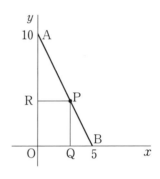

(2) 長方形 PROQ の面積が 12 であるとき，P の座標を求めなさい。

解答 ➡ 別冊 p.8

💠 **チャレンジ**

$2x$ km 離れた P 町と Q 町のまん中に地点 R がある。A さんは時速 a km の車に乗って P 町から Q 町へ行き，B さんは時速 b km の車に乗って Q 町から P 町へ行く。2 人は同時に出発し，A さんが地点 R まで来たとき，B さんは P 町の手前 24 km 地点にいた。また，B さんが地点 R まで来たとき，A さんは Q 町の手前 15 km 地点にいた。

(1) 速さの比 $a : b$ を 2 通りに表しなさい。

(2) x の値を求めなさい。

> 「内項の積＝外項の積」の関係を使うと，x についての 2 次方程式になるよ。

1 次の2次方程式のうち，1が解であるものをすべて選び，記号で答えなさい。

① $x^2-5x=6$ 　　　　　　② $(x-2)^2=1$

③ $x(x-1)=4(x-1)$ 　　　④ $(x+1)(x-1)=3$

2 次の方程式を解きなさい。

(1) $(x+2)(2x-1)=0$ 　　　(2) $2x^2-3x=0$

(3) $x^2-5x+6=0$ 　　　　(4) $x^2-10x+25=0$

3 次の方程式を解きなさい。

(1) $4x^2-7=0$ 　　　　　(2) $(3x-2)^2=18$

(3) $2x^2+3x-1=0$ 　　　(4) $4x^2+12x+7=0$

(5) $(x+3)(x-1)=12$ 　　(6) $(x-2)^2-1=2(3-x)$

4 2次方程式 $x^2-6x+a=0$ の解の1つは $3-\sqrt{7}$ であり，もう1つは x についての1次方程式 $2x-3a+b=0$ の解になっている。このとき，a, b の値を求めなさい。

5 ある数から 3 をひいて 2 乗した数が，ある数を 2 倍して 3 をひいた数に等しくなった。ある数を求めなさい。

6 右の図において，2 点 A，H の座標はそれぞれ A(4, 4)，H(4, 0) である。点 P は原点 O を出発し，x 軸上を正の向きに毎秒 1 の速さで移動する。点 Q は点 A を出発し，線分 AH 上を H まで P と同じ速さで移動する。2 点 P，Q は，それぞれ O，A を同時に出発する。このとき，△OPQ の面積が 1 となるのは出発してから何秒後か求めなさい。

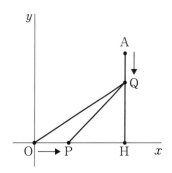

7 横の長さが縦より 5 cm 長い長方形の紙がある。この紙の四すみから，1 辺が 2 cm の正方形を切り取ってできる直方体の容器の容積が 132 cm³ であるとき，もとの紙の縦と横の長さはそれぞれ何 cm か求めなさい。

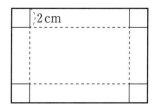

8 24 km 離れた 2 地点 A，B がある。一郎さんは A から B へ，次郎さんは B から A へ同時に出発した。次郎さんの速さは時速 8 km で，一郎さんと次郎さんがすれちがった後，一郎さんが B に着くのに 4 時間かかった。出発後，一郎さんと次郎さんがすれちがうまでの時間を求めなさい。

12 関数 $y=ax^2$ とそのグラフ ①

チャート式参考書 >> 第4章 9

✎ チェック

空欄をうめて，要点のまとめを完成させましょう。

【2乗に比例する関数とその表し方】

1辺が x cm の立方体の表面積を y cm² とすると，

立方体の表面積は $y=$ ①[　　　] と表される。

┈┈ (表面積)＝(1辺)×(1辺)×(面の数)

ポイント

関数 $y=ax^2$

y が x の関数で，$y=ax^2$（a は比例定数，$a \neq 0$）と表されるとき，y は x の2乗に比例するという。

【関数 $y=ax^2$ のグラフ】

問 $y=\dfrac{1}{2}x^2$ のグラフをかきなさい。

解答 x と y の対応表をつくると，下のようになる。

x	…	-3	-2	-1	0	1	2	3	…
y	…	$\dfrac{9}{2}$	②	③	0	④	⑤	$\dfrac{9}{2}$	…

これら x，y の値の組を座標とする点をかき入れ，なめらかな曲線でつなぐと，グラフは右のようになる。

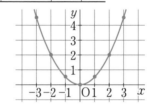

関数 $y=ax^2$ のグラフ

・原点を通り，y 軸について対称な曲線（放物線）である。

・放物線の対称軸を軸，放物線と軸の交点を頂点という。

・$a>0$ のときグラフは上に開く。

・$a<0$ のときグラフは下に開く。

・a の絶対値が大きいほど，グラフの開きぐあいは小さい。

【関数 $y=ax^2$（$p \leqq x \leqq q$）の変域】

関数 $y=2x^2$（$-1 \leqq x \leqq 2$）のグラフは右下のようになる。

$x=-1$ のとき $y=$ ⑥[　　]，

$x=2$ のとき $y=$ ⑦[　　] より，

y の変域は ⑧[　　] $\leqq y \leqq$ ⑨[　　] であり，

┈┈ y のとりうる値の範囲

$x=$ ⑩[　　] のとき y は最大値 ⑪[　　]，

$x=$ ⑫[　　] のとき y は最小値 ⑬[　　] となることがわかる。

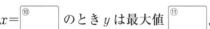

関数の変域と最大・小

・変域の考え方
関数の y の変域は，グラフを利用して考えるとよい。

・最大値と最小値
関数のとる値のうち，もっとも大きい値を最大値，もっとも小さい値を最小値という。

✎ トライ

解答 ➡ 別冊 p.9

1 y は x の2乗に比例し，$x=3$ のとき $y=-18$ である。y を x の式で表しなさい。

チェックの解答 ① $6x^2$ ② 2 ③ $\dfrac{1}{2}$ ④ $\dfrac{1}{2}$ ⑤ 2 ⑥ 2 ⑦ 8 ⑧ 0 ⑨ 8 ⑩ 2 ⑪ 8 ⑫ 0 ⑬ 0

2 次の関数のグラフをかきなさい。

(1) $y=2x^2$

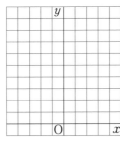

(2) $y=-x^2$

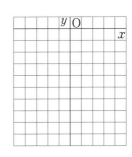

3 関数 $y=ax^2$ のグラフは，点 $(6,\ 12)$ を通る。

(1) a の値を求めなさい。

(2) グラフをかきなさい。

(3) グラフ上の点で，y 座標が 3 であるような点の x 座標を求めなさい。

4 次の関数の y の変域を，グラフを利用して求めなさい。

(1) $y=x^2\ (-2 \leqq x \leqq 1)$

(2) $y=-\dfrac{1}{2}x^2\ (2 \leqq x \leqq 4)$

> x の変域に 0 が
> ふくまれるかどう
> かが大事になるね。

チャレンジ ……………………………………………… 解答 ➡ 別冊 p.10

下の ①〜④ はそれぞれ，関数 $y=ax^2$（a は定数）のグラフと点 $\mathrm{A}(-1,\ 1)$ を表した図である。定数 a の値が 1 より大きいものを選び，記号で答えなさい。

①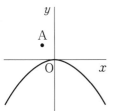

②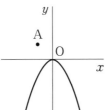

③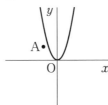

④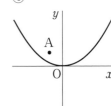

13 関数 $y=ax^2$ とそのグラフ②

チェック

空欄をうめて，要点のまとめを完成させましょう。

【関数の変域から定数の値を求める】

問　関数 $y=ax^2$ について，x の変域が $-2\leqq x\leqq 1$ のとき，y の変域は $b\leqq y\leqq 8$ である。a，b の値を求めなさい。

解答　y の変域に <u>正の値</u> がふくまれているので，
₈

a は ① の数とわかる。

$x=-2$ のとき $y=$ ②，

$x=1$ のとき $y=$ ③ より，

グラフは右のようになり，

y の変域は ④ $\leqq y\leqq$ ⑤ と表される。

これが <u>b</u>$\leqq y\leqq$<u>8</u> なので，$a=$ ⑥，$b=$ ⑦ …答
　　　　=④　　　=⑤

ポイント

関数 $y=ax^2$ の値のとり方

関数 $y=ax^2$ について，
・$a>0$ のとき
　y は常に 0 以上
・$a<0$ のとき
　y は常に 0 以下
となる。y の変域が正と負にまたがることはない。

【関数 $y=ax^2$ の変化の割合】

関数 $y=3x^2$ について，x の値が 1 から 2 まで増加するとき，

$x=1$ のとき $y=$ ⑧，$x=2$ のとき $y=$ ⑨ より，

変化の割合は，$\dfrac{⑨-⑧}{2-1}=$ ⑩

変化の割合

$(変化の割合)=\dfrac{(yの増加量)}{(xの増加量)}$

例えば，$x=p$ のとき $y=q$，$x=p'$ のとき $y=q'$ とすると，x が p から p' まで増加するときの変化の割合は，
$\dfrac{q'-q}{p'-p}$

【変化の割合から定数の値を求める】

問　関数 $y=ax^2$ について，x の値が -2 から 1 まで増加するときの変化の割合は -4 である。a の値を求めなさい。

解答　$x=-2$ のとき $y=$ ⑪，$x=1$ のとき $y=$ ⑫

よって，$-4=\dfrac{⑫-⑪}{1-(-2)}=$ ⑬　　$a=$ ⑭ …答

チェックの解答　①正　②$4a$　③a　④$0$　⑤$4a$　⑥$2$　⑦$0$　⑧$3$　⑨$12$　⑩9　⑪$4a$　⑫a　⑬$-a$　⑭4

1 関数 $y=ax^2$ について，x の変域が $-3\leqq x\leqq 2$ のとき，y の変域は $b\leqq y\leqq 18$ である。a，b の値を求めなさい。

2 関数 $y=2x^2$ について，x の値が次のように増加するときの変化の割合を求めなさい。
(1) 0 から 2 まで
(2) -3 から -1 まで

(3) $-\dfrac{3}{2}$ から $\dfrac{5}{2}$ まで

3 次の各場合について，a の値を求めなさい。
(1) 関数 $y=ax^2$ について，x の値が -4 から -1 まで増加するとき，y の値は 9 増加する。

(2) 関数 $y=-3x^2$ について，x の値が a から $a+4$ まで増加するときの変化の割合は -15 である。

> x の値に a がふくまれていても，考え方は同じだよ。

x の変域が $-1\leqq x\leqq 2$ のとき，2 つの関数 $y=x^2$ と $y=ax+b$ $(a<0)$ の y の変域は等しくなる。このとき，a，b の値を求めなさい。

14 関数の利用①

✔ チェック

空欄をうめて，要点のまとめを完成させましょう。

【落下運動】

問 物体を落下させるとき，落下し始めてから x 秒後までに落下する距離を y m とすると，$y=5x^2$ の関係が成り立つ。落下し始めてから3秒後までに落下する距離を求めなさい。また，その間の平均の速さを求めなさい。

ポイント

> **平均の速さ**
>
> $$(平均の速さ)=\frac{(移動距離)}{(かかった時間)}$$
>
> 落下する物体や坂道を転がる物体の速さは一定にはならないため，ある間の「平均の速さ」として考える。

解答 $x=3$ を代入して，$y=5\times\boxed{①}^2$ より，$\boxed{②}$ m

平均の速さは，$\dfrac{\boxed{②}-0}{3-0}=\boxed{③}$ より，秒速 $\boxed{③}$ m …**答**

【図形の面積】

問 右の図のように，$AB=BC=10$ cm，$\angle B=90°$ の $\triangle ABC$ がある。点 P，Q は点 B を同時に出発し，それぞれ秒速2 cm で点 A，C まで動く。出発してから x 秒後の $\triangle PBQ$ の面積を y cm² として，y を x の式で表しなさい。また，x の変域を求めなさい。

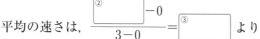

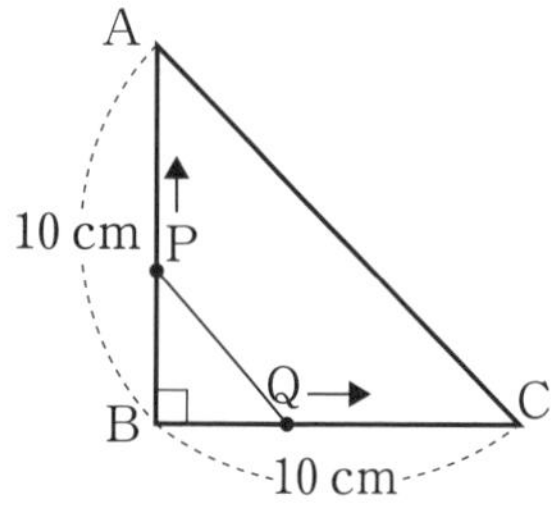

解答 出発してから x 秒後において，

$BP=BQ=\boxed{④}$ cm であるから，$\triangle PBQ$ の面積は，$y=\boxed{⑤}$

⌐‥‥ (面積)$=\dfrac{1}{2}\times BP\times BQ$

また，BP，BQ の長さについて，右上の図より，

$\boxed{⑥}\leqq 2x\leqq\boxed{⑦}$ が成り立つので，x の変域は $\boxed{⑧}\leqq x\leqq\boxed{⑨}$

✔ トライ

解答 ➡ 別冊 p. 10

1 物体を落下させるとき，落下し始めてから x 秒後までに落下する距離を y m とすると，$y=5x^2$ の関係が成り立つ。

(1) 落下し始めてから2秒後までに落下する距離を求めなさい。

(2) 次の各場合について，平均の速さを求めなさい。

① 落下し始めてから1秒後まで　　② 3秒後から5秒後まで

> 物体の速さは一定にならないから，ある間の平均の速さとして考えるんだね。

チェックの解答 ①3 ②45 ③15 ④$2x$ ⑤$2x^2$ ⑥0 ⑦10 ⑧0 ⑨5

2 2つのラジコンカー A，B があり，ラジコンカー A は秒速 2 m で走る。また，ラジコンカー B が x 秒間に走った距離を y m とすると，$y=\dfrac{1}{4}x^2$ と表すことができる。ラジコンカー A，B を同時に同じ場所から同じ方向に走らせたとき，ラジコンカー B は出発してから何秒後にラジコンカー A に追いつくかを求めなさい。

3 走っている自転車がブレーキをかけ始めてから停止するまでの距離を制動距離といい，これは速さの 2 乗に比例することが知られている。C さんの乗った自転車が秒速 3 m で走ったときの制動距離は 1 m であった。このとき，次の問いに答えなさい。

(1) 自転車が秒速 x m で走るときの制動距離を y m として，y を x の式で表しなさい。

(2) 自転車が秒速 6 m で走るときの制動距離を求めなさい。

(3) 制動距離が 0.3 m であるとき，自転車の速さを求めなさい。

> 💬 **チャレンジ** ・・・・・・・・・・・・・・・・・・・・・・・・・・・・・・・・・・・・・・ （解答 ➡ 別冊 p.11）

右の図のように，AB＝36 cm，BC＝18 cm，∠B＝90° の △ABC がある。点 P，Q は点 B を同時に出発し，点 P は秒速 4 cm で点 A に，点 Q は秒速 3 cm で点 C に向かって動く。点 Q は，点 C に到達すると停止する。出発してから x 秒後の △PBQ の面積を y cm² とするとき，次の問いに答えなさい。

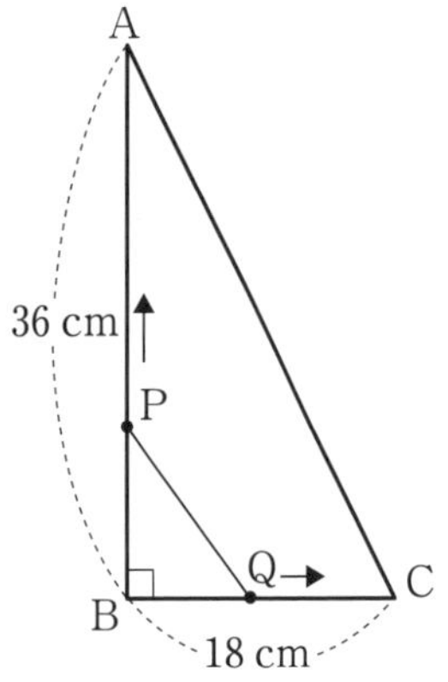

(1) $0\leqq x\leqq 6$ のとき，y を x の式で表しなさい。

(2) $6\leqq x\leqq 9$ のとき，y を x の式で表しなさい。

15 関数の利用②

チェック

空欄をうめて，要点のまとめを完成させましょう。

【放物線と直線でできる三角形の面積】

問 右の図のように，関数 $y=2x^2$ のグラフ
と直線 ℓ が2点 A，B で交わっている。Aの
座標は $(-1, 2)$，Bの座標は $(2, 8)$ である。
△AOB の面積を求めなさい。

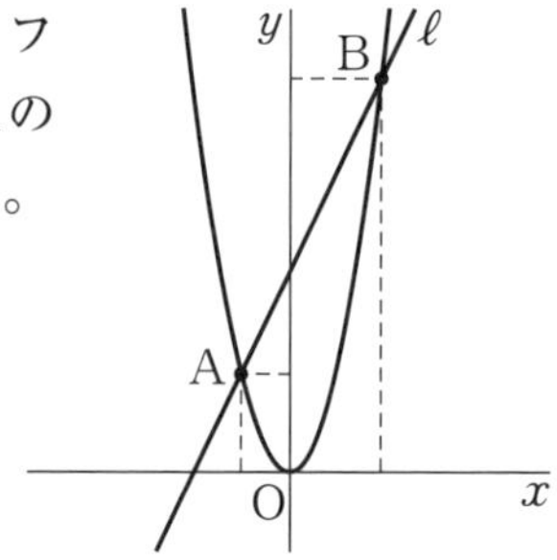

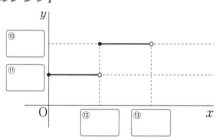

解答 直線 ℓ の式を $y=ax+b$ とすると，

$$\begin{cases} 2=a\times(\boxed{①})+b & \longleftarrow \text{点Aに関して} \\ \boxed{②}=a\times\boxed{③}+b & \longleftarrow \text{点Bに関して} \end{cases}$$

より，$a=\boxed{④}$，$b=\boxed{⑤}$

y 軸と直線 ℓ の交点をCとすると，OC$=\boxed{⑥}$ であり，

△AOB$=$△AOC$+$△BOC であるから，面積は，

$\dfrac{1}{2}\times\boxed{⑥}\times\boxed{⑦}+\dfrac{1}{2}\times\boxed{⑥}\times\boxed{⑧}=\boxed{⑨}$ …**答**

【x の変域によって異なる関数のグラフ】

$$\begin{cases} y=3 \ (0\leqq x<5) \\ y=6 \ (5\leqq x<10) \end{cases}$$

これをグラフに表すと
右のようになる。

ポイント

放物線と直線の交点

放物線と直線の交点の座標は，
それぞれの式をともに満たす。

三角形の面積

底辺や高さがわかりにくい場
合は，三角形を分けて，座標
軸と平行になるように底辺や
高さを考えるとよい。

いろいろな関数

y が x の関数であっても，x
と y の関係を1つの式だけで
は表せない場合もある。その
場合は，x の変域を分けて，
変域ごとに関数を考える。

トライ

解答 ➡ 別冊 p.11

1 右の図のように，関数 $y=ax^2$ のグラフと直線 $y=x+6$ が点
A で交わっている。Aの x 座標が2であるとき，次の問いに答
えなさい。

(1) Aの y 座標を求めなさい。

(2) a の値を求めなさい。

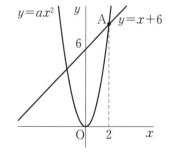

チェックの解答 ① -1 ② 8 ③ 2 ④ 2 ⑤ 4 ⑥ 4 ⑦⑧ $1, 2$（順不同） ⑨ 6 ⑩ 6 ⑪ 3 ⑫ 5 ⑬ 10

2 右の図のように，関数 $y=x^2$ のグラフ上に 2 点 B$(-3, b)$，C$(2, 4)$ がある。

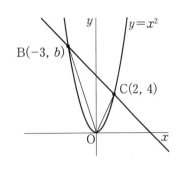

(1) b の値を求めなさい。

(2) 直線 BC の式を求めなさい。

(3) △OBC の面積を求めなさい。

3 右の表は，あるバス会社の，片道 25 km まで
の運賃を示したものである。運賃を計算するとき
の距離を x km，運賃を y 円として，$0<x\leqq25$
のときの x と y の関係をグラフに表しなさい。

距離 (km)	～5	～10	～15	～20	～25
運賃 (円)	180	210	240	280	330

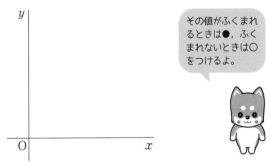

その値がふくまれ
るときは●，ふく
まれないときは〇
をつけるよ。

解答 ➡ 別冊 p.11

チャレンジ

右の図のように，関数 $y=\dfrac{1}{2}x^2$ …… ① のグラフ上に 2 点 A，B
があり，点 A の x 座標は -4，点 B の座標は $(2, 2)$ である。2
点 A，B を通る直線と y 軸との交点を C とする。また，点 B を通
り，y 軸に平行な直線と x 軸との交点を D とする。① のグラフ上
に x 座標が正である点 E をとる。△OEC と四角形 ODBC の面
積が等しくなるとき，点 E の座標を求めなさい。

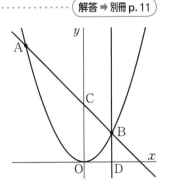

1 次の ①〜④ のうち，y が x の 2 乗に比例するものを 1 つ選び，記号で答えなさい。

① 1 辺の長さが x cm の正五角形の周の長さを y cm とする。

② 底辺が x cm，面積が 10 cm^2 の三角形の高さを y cm とする。

③ 半径が x cm の円の面積を y cm^2 とする。

④ 縦が x cm，横が 3 cm の長方形の周の長さを y cm とする。

2 次の関数の y の最大値と最小値，およびそのときの x の値を求めなさい。

(1) $y = 2x^2 \ (-3 \leqq x \leqq 1)$

(2) $y = -3x^2 \left(1 \leqq x \leqq \dfrac{5}{3}\right)$

3 関数 $y = ax^2$ について，x の変域が $-\dfrac{1}{2} \leqq x \leqq 2$ のとき，y の変域は $-2 \leqq y \leqq b$ である。定数 a，b の値を求めなさい。

4 関数 $y = ax^2$ について，x の値が a から $a+2$ まで増加するときの変化の割合は $6a+6$ である。定数 a の値を求めなさい。

5 ボールを秒速 x m で真上に打ち上げるとき，ボールの到達する高さを y m とすると，y は x の 2 乗に比例する。いま，秒速 20 m で真上に打ち上げたボールが，高さ 20 m まで到達した。

(1) y を x の式で表しなさい。

(2) 秒速 10 m で投げたボールが到達する高さを求めなさい。

6 右の図のような正方形 ABCD がある。点 P，Q は同時にA を出発して，P は秒速 1 cm で正方形の辺上をA からB を通ってC まで動いて止まり，Q は秒速 1 cm で正方形の辺上をA からD まで動き，D ですぐに折り返してA まで動いて止まる。P，Q がA を出発してから x 秒後における △APQ の面積を y cm^2 とする。

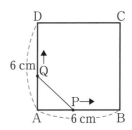

(1) x と y の関係を表すグラフをかきなさい。

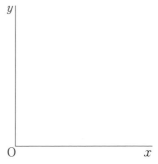

(2) △APQ の面積がはじめて 3 cm^2 になるのは，P，Q がA を出発してから何秒後ですか。

7 関数 $y = \dfrac{1}{3}x^2$ のグラフ上に，x 座標が -2 である点A と x 座標が 4 である点B がある。

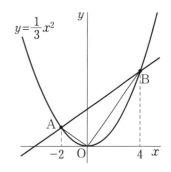

(1) 2 点 A，B を通る直線の式を求めなさい。

(2) △OAB の面積を求めなさい。

8 あるタクシーは，料金が最初の 2 km までは 500 円であり，それを超えると料金が 70 円加算され，その後 250 m ごとに料金がさらに 70 円ずつ加算される。乗車する距離を x km，料金を y 円として，x と y の関係を表すグラフをかきなさい。ただし，$0 < x \leqq 3$ とする。

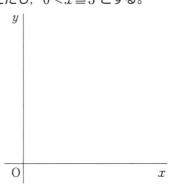

16 相似な図形①

チェック

空欄をうめて，要点のまとめを完成させましょう。

【相似な図形の性質】

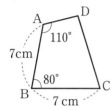

四角形 ABCD ∽ 四角形 EFGH であるとき，

‥‥‥‥対応する頂点の順番をそろえて記す

四角形 ABCD と四角形 EFGH の相似比は ① [　] : ② [　]，

‥‥‥各辺の長さの比に等しい

∠C の大きさは ③ [　]°，辺 EF の長さは ④ [　] cm である。

【三角形の相似条件】

右の2つの三角形において，
次の**ア**～**ウ**の関係のうち
どれかが成り立つとき，△ABC∽△DEF といえる。

ア 辺 AB：辺 DE＝辺 BC：辺 ⑤ [　]＝辺 CA：辺 ⑥ [　]

イ 辺 AB：辺 DE＝辺 BC：辺 ⑦ [　]　かつ　角 B＝角 ⑧ [　]

ウ 角 B＝⑨ [　]　かつ　角 C＝角 ⑩ [　]

【直角三角形と相似】

右の図の △DBA と △ABC において，

∠BDA＝∠⑪ [　]＝⑫ [　]°。

∠DBA＝∠ABC（共通）より，

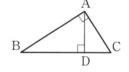

⑬ [　] がそれぞれ等しいから，△DBA∽△ABC である。

‥‥‥三角形の相似条件

ポイント

相似とは
2つの図形の一方を拡大または縮小した図形が他方と合同になるとき，2つの図形は相似であるといい，記号「∽」で表す。

相似な図形の性質
2つの図形が相似であるとき，
・対応する線分の長さの比
・対応する角の大きさ
は等しくなる。

三角形の相似条件
次のどれかが成り立つとき，2つの三角形は相似である。
❶ 3組の辺の比がすべて等しい
❷ 2組の辺の比とその間の角がそれぞれ等しい
❸ 2組の角がそれぞれ等しい

2つの直角三角形と相似
2つの直角三角形は，1つの角が90°で等しいので，もう1つの角が等しいことを示すとよい。

解答 ➡ 別冊 p.12

1 右の図において,
四角形 ABCD ∽ 四角形 EFGH
であるとき,次のものを求めなさい。

(1) 相似比

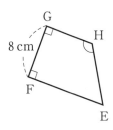

(2) ∠H の大きさ

2 次の図において,相似な三角形を見つけ,記号 ∽ を使って表しなさい。また,そのときに用いた相似条件を答えなさい。

(1)

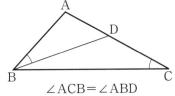

∠ACB＝∠ABD

(2)

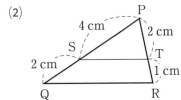

3 長方形 ABCD の辺 AD 上に ∠BPC＝90° となるような点 P をとる。このとき,△ABP∽△PCB となることを証明しなさい。

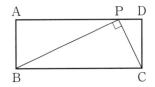

三角形の相似条件のどれかが成り立つことがわかれば,相似であるといえるね。

解答 ➡ 別冊 p.13

チャレンジ

右の図において,相似な三角形を見つけ,記号 ∽ を使って表しなさい。また,そのときに用いた相似条件を答えなさい。

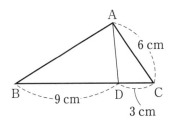

17 相似な図形②

💠 **チェック**

空欄をうめて，要点のまとめを完成させましょう。

【相似な三角形の証明，相似と線分の長さ】

問 右の図において，

(1) △ABC∽△ADB を証明しなさい。

(2) BC の長さを求めなさい。

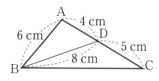

解答

(1) △ABC と △ADB において，

AB：[①]＝AC：[②]＝3：2 かつ ∠[③] は共通な角で

あり，[④] がそれぞれ等しい。

------- 三角形の相似条件

よって，△ABC∽△ADB である。

(2) 対応する辺の比が等しいので，BC：[⑤]＝3：2

よって，2BC＝[⑤]×3　BC＝[⑥] cm …**答**

～～～～～
（内項の積）＝（外項の積）

【合同と相似を利用した証明】

問 右の図において，

△ABC≡△DBE が成り立つとき，

∠F＝90° を証明しなさい。

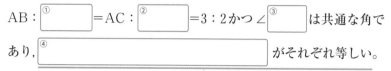

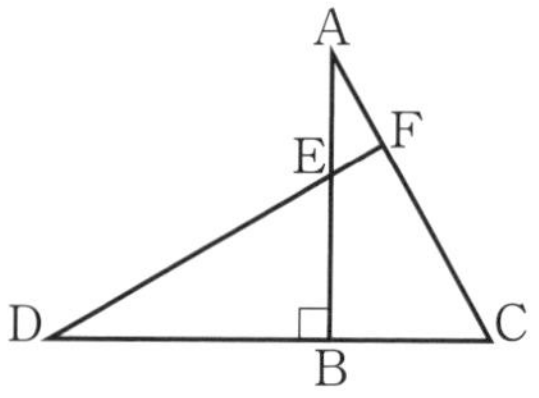

解答 △ABC と △DBE において，

対応する角が等しいので，∠A＝∠[⑦]

また，対頂角は等しいので，∠BED＝∠[⑧]

[⑨] がそれぞれ等しいから，△DBE∽△[⑩]

------- 三角形の相似条件

対応する角が等しいので，∠F＝∠[⑪]＝90°

ポイント

相似であることの証明
三角形の相似条件が成り立つことを示せばよい。

相似と辺の長さや角
対応する辺の比や角の大きさが等しいことを利用して，比例式を用いる。

チェックの解答 ① AD　② AB　③ A　④ 2組の辺の比とその間の角　⑤ DB　⑥ 12　⑦ D　⑧ FEA　⑨ 2組の角
⑩ AFE　⑪ B

1 右の図のような平行四辺形 ABCD があり，点 E は辺 BC 上
の点で，∠BAE＝∠DEC である。
このとき，△ABE∽△DEA であることを証明しなさい。

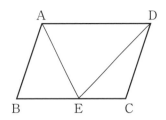

2 右の図の直角三角形 ABC において，M は辺 AC の中点であ
る。また，M から辺 AB にひいた垂線と AB との交点を D とす
る。AC＝6 cm，AD＝2 cm であるとき，辺 AB の長さを求
めなさい。

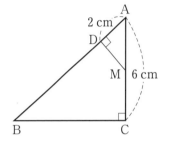

3 右の図において，∠ABC＝∠AED のとき，線分 EC の長さ
を求めなさい。

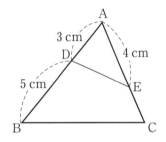

右の図のように，平行四辺形 ABCD において，線分 BA を延長
し，その上に BA＝AE となるように点 E をとる。対角線の交点
を F とし，線分 EF と AD との交点を G，線分 EF を延長し，
BC との交点を H とする。このとき AG：GD＝1：2 であること
を証明しなさい。

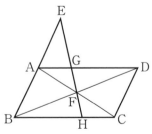

合同と相似をうま
く利用しよう。

18 相似な図形の面積比，体積比

チェック

空欄をうめて，要点のまとめを完成させましょう。

【線分の比と三角形の面積比】

右の図において，AD：BC＝1：2，
△ADE∽△CBE が成り立っているとする。
対応する辺の比が等しいので，

AE：EC＝①□：②□

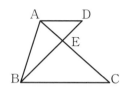

このとき，△ABE：△CBE＝③□：④□

AE，EC を底辺とみると，高さが等しい

> **ポイント**
>
> **線分の比と面積比**
> ・高さが等しい 2 つの三角形の面積比は，底辺の比に等しい。
> ・底辺が等しい 2 つの三角形の面積比は，高さの比に等しい。

【相似な図形の面積比】

右の図において，AD：BC＝3：5，
△ADE∽△CBE が成り立っているとする。

このとき，△ADE：△CBE＝⑤□：⑥□

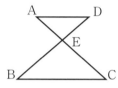

> **図形の面積比**
> 2 つの図形の相似比が $m:n$ のとき，面積比は $m^2:n^2$

【相似な立体の表面積の比と体積比】

相似な 2 つの立体 A，B があり，その表面積の比が 16：9

$m^2:n^2$

であるとき，A と B の相似比は ⑦□：⑧□

$m:n$

また，A と B の体積比は ⑨□：⑩□

$m^3:n^3$

> **立体の表面積の比・体積比**
> 2 つの立体の相似比が $m:n$ のとき，
> 表面積の比は $m^2:n^2$，
> 体積比は $m^3:n^3$

トライ

解答 ➡ 別冊 p.13

1 右の図の △ABC において，点 D は辺 BC を 2：1 に分ける点であり，点 E は線分 AD の中点である。△ABC の面積が 30 cm² であるとき，次の三角形の面積を求めなさい。

(1) △ADC

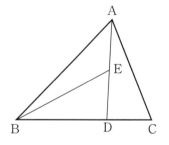

(2) △ABE

チェックの解答 ①1 ②2 ③1 ④2 ⑤9 ⑥25 ⑦4 ⑧3 ⑨64 ⑩27

2 △ABC∽△DEF で，その相似比が 3：2 であるとき，次の問いに答えなさい。

(1) △ABC と △DEF の面積比を求めなさい。

(2) △ABC の面積が 54 cm² であるとき，△DEF の面積を求めなさい。

3 相似な 2 つの立体 P，Q がある。P と Q の相似比が 1：3 であるとき，次の問いに答えなさい。

(1) P の表面積が 80 cm² であるとき，Q の表面積 S を求めなさい。

(2) Q の体積が 810 cm³ であるとき，P の体積 V を求めなさい。

4 AD∥BC である台形 ABCD において，対角線 AC，BD の交点を O とする。AD＝5 cm，BC＝10 cm で，△OAD の面積が S cm² であるとき，次の図形の面積を S を使って表しなさい。

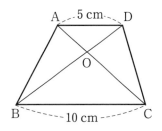

(1) △OAB

(2) △OBC

(3) 台形 ABCD

解答 ➡ 別冊 p.14

💬 **チャレンジ** ·····

△ABC の辺 BC に平行な直線が辺 AB，AC と交わる点を，それぞれ P，Q とする。AB＝20 cm で，直線 PQ が △ABC の面積を 2 等分するとき，線分 AP の長さを求めなさい。

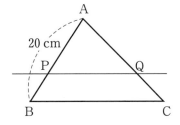

面積比の値によっては，相似比に $\sqrt{}$ が出てくることも考えられるよ。

19 平行線と線分の比①

チェック

空欄をうめて，要点のまとめを完成させましょう。

【三角形と線分の比】

問　次の図において，DE∥BC のとき，x の値を求めなさい。

(1) 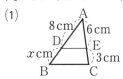　　(2)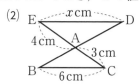

ポイント

三角形と線分の比

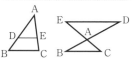

図において，DE∥BC ならば AD : AB＝AE : AC
＝DE : BC
（逆も成り立つ。）

解答　(1) DE∥BC ならば，AD : DB＝①⬚ : EC

よって，②⬚ : x＝6 : ③⬚　　x＝④⬚ …**答**

(2) DE∥BC ならば，DE : BC＝AE : ⑤⬚

よって，x : ⑥⬚＝⑦⬚ : 3　　x＝⑧⬚ …**答**

【中点連結定理】

右の図において，点 D，E は辺 AB，BC
の中点である。

このとき，DE∥⑨⬚ が成り立ち，

DE＝⑩⬚ cm となる。

中点連結定理より

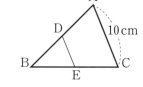

中点連結定理

図において，辺 AB，辺 AC
の中点を D，E とすると，

DE∥BC，DE＝$\frac{1}{2}$BC

トライ

解答 ➡ 別冊 p.14

1 次の図において，DE∥BC のとき，x，y の値を求めなさい。

(1) 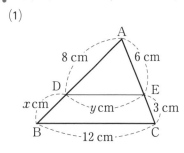　　(2) 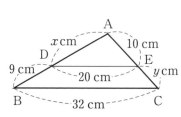　　(3)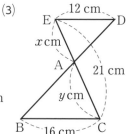

チェックの解答 ①AE ②8 ③3 ④4 ⑤AC ⑥6 ⑦4 ⑧8 ⑨AC ⑩5

2 右の図で，AB∥CD，EF∥BD である。AB＝3 cm，BD＝6 cm，CD＝5 cm であるとき，線分 EF の長さを求めなさい。

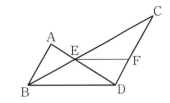

3 △ABC の辺 AB，AC の中点をそれぞれ M，N とする。∠ABC＝40°，BC＝6 cm のとき，次のものを求めなさい。

(1) ∠AMN の大きさ

(2) 線分 MN の長さ

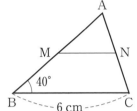

4 右の図の △ABC において，点 D，E は辺 AC を 3 等分する点であり，点 F は辺 BC の中点である。また，点 G は線分 AF と BD との交点である。EF＝6 cm であるとき，線分 BG の長さを求めなさい。

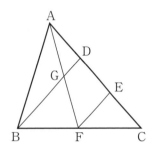

解答 ➡ 別冊 p.14

💠チャレンジ

右の図のように，頂点 C が共通な 2 つの正三角形 ABC と ECD があり，3 点 B，C，D は一直線上にある。AB＝EC＝15 cm とする。辺 AB 上に点 P を AP＝3 cm となるようにとり，線分 PD と AC との交点を Q とする。このとき，線分 QC の長さを求めなさい。

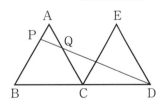

平行な部分を探して，三角形と線分の比を利用して考えよう。

20 平行線と線分の比②

🐱 チェック

空欄をうめて，要点のまとめを完成させましょう。

【平行線と線分の長さ】

右の図において，3直線 ℓ, m, n が平行
であるとき，$6 : \boxed{①} = x : \boxed{②}$ が成
り立ち，$x = \boxed{③}$ である。

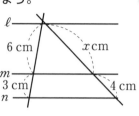

【平行線と線分の比の利用】

問 右の三角錐において，PQ∥AB，QR∥BC
のとき，PR∥AC を証明しなさい。

解答 △OAB で PQ∥AB より，
　　　　　 〜〜〜〜〜〜〜〜〜
　　　　 平行線と線分の比を使う

OP : PA $= \boxed{④} : \boxed{⑤}$

△OBC で QR∥BC より，OQ : QB $= \boxed{⑥} : \boxed{⑦}$
　　　　　 〜〜〜〜〜〜〜〜〜
　　　　 平行線と線分の比を使う

よって，△OCA において，OP : $\boxed{⑧} = \boxed{⑨}$: RC となり，PR∥AC

ポイント

平行線と線分の比

図において，3直線 ℓ, m,
n が平行であるとき，
AB : BC＝DE : EF

【線分の比と面積】

右の平行四辺形 ABCD において，AE : ED＝1 : 2 であるとき，

ED : BC $= \boxed{⑩} : \boxed{⑪}$ である。また，ED∥BC より，

EF : FC $= \boxed{⑩} : \boxed{⑪}$ となり，△BEF : △BCF $= \boxed{⑫} : \boxed{⑬}$ となる。
　　　　　 〜〜〜〜〜〜〜〜〜〜〜〜〜〜〜
　　　　 EF，FC を底辺とみると，高さが等しい

🖊 トライ

解答 ➡ 別冊 p.14

1 次の図において，3直線 ℓ, m, n が平行であるとき，x, y の値を求めなさい。

(1)

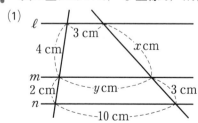

(2)

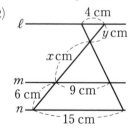

チェックの解答 ①3 ②4 ③8 ④OQ ⑤QB ⑥OR ⑦RC ⑧PA ⑨OR ⑩2 ⑪3 ⑫2 ⑬3

2 右の図において，直線 a，b，c，d はどれも平行である。このとき，x，y の値を求めなさい。

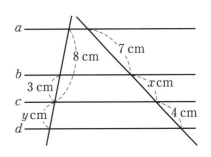

3 平行四辺形 ABCD の辺 BC 上に，BE : EC＝2 : 1 となる点 E がある。AE と DB との交点を F とするとき，次の問いに答えなさい。

(1) AF : FE を求めなさい。

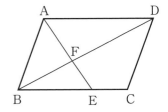

(2) BD＝20 cm であるとき，線分 DF の長さを求めなさい。

4 右の図において，辺 AB，CD，EF はどれも辺 BD に垂直であり，AB＝12 cm，CD＝8 cm，BD＝20 cm である。このとき，次の問いに答えなさい。

(1) BE : EC を求めなさい。

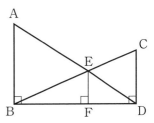

(2) 台形 EFDC の面積を求めなさい。

解答 ➡ 別冊 p. 15

🔶 **チャレンジ**

右の図において，点 D，E はそれぞれ辺 AB，BC の中点である。また，AF : FC＝1 : 2，DH : HG＝3 : 1 が成り立っている。このとき，AF : FG : GC を求めなさい。

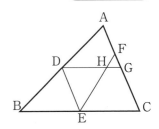

DE : AC，
DE : FG を考え
てみよう。

21 平行線と線分の比③ / 相似の利用

チャート式参考書 >> 第5章 13, 14

チェック

空欄をうめて，要点のまとめを完成させましょう。

【角の二等分線と線分の長さ】

右の図において，線分 AD は ∠BAC の二等分線である。このとき，

AB : AC＝① ☐ : ② ☐

が成り立つので，BD＝③ ☐ cm である。

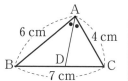

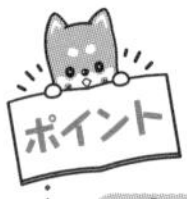

ポイント

角の二等分線と線分の比

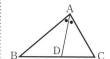

△ABC において，∠A の二等分線と辺 BC との交点を D とすると，

AB : AC＝BD : CD

【縮図の利用】

問 木の高さを測るため，木の根元Pから 10 m 離れた場所Qに立って木の先端Rを見上げると，見上げた角度は水平面から 48° であった。木の高さを，縮図を利用して求めなさい。ただし，目線の高さは考えないものとする。

解答 右のような縮図を利用すると，この縮図は，

$\underline{1000 : 10}$＝④ ☐ : 1 より， $\dfrac{1}{④☐}$
　(実際の長さ) : (縮図上の長さ)

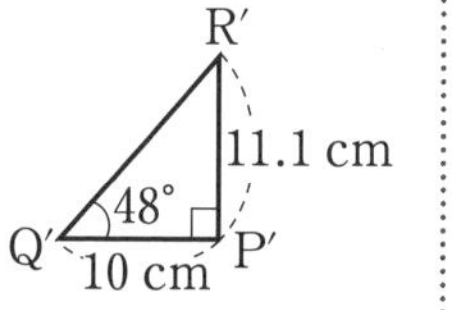

の縮図である。

このとき，R′P′ の長さを測ると約 11.1 cm となる。

よって，実際の木の高さは，

11.1×⑤ ☐ ＝⑥ ☐ (cm) より，約 ⑦ ☐ m …**答**

縮図

・直接測ることがむずかしい2 地点間の距離や高さは，縮図を利用して考えることができる。

・縮図をかく場合は，あとの計算がらくになるような縮尺でかくとよい。

トライ

解答 ➡ 別冊 p.15

1 次の図において，線分 AD は ∠BAC の二等分線である。このとき，x の値を求めなさい。

(1)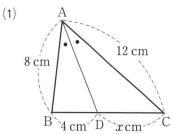

(2)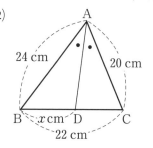

2 右の図において，線分 CD は ∠ACB の二等分線である。このとき，x，y の値を求めなさい。

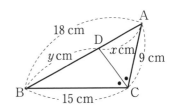

3 Aさんは，太陽の光でできる影の長さを利用して，木の高さを求めることにした。右の図のように，長さ 1 m の棒の影の長さが 1.2 m のとき，木の影の長さは 6 m であった。この木の高さを x m として，x の値を求めなさい。

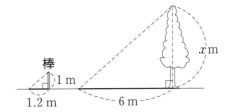

4 あるテレビ塔の高さ AB を測るために，地点Pから塔の先端Aを見上げた角度を測ったところ，30° であった。そこからまっすぐテレビ塔に向かって 100 m 進んだ地点Qから，塔の先端Aを見上げた角度を測ったところ，45° であった。このとき，テレビ塔の高さ AB は約何 m か，縮図を利用して求めなさい。

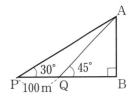

チャレンジ ・・・ 解答 ➡ 別冊 p.15

右の図の △ABC において，線分 AD は ∠A の二等分線であり，線分 BE は ∠B の二等分線である。AD と BE との交点を I とするとき，AI：ID を求めなさい。

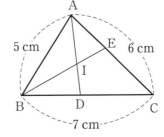

角の二等分線があるときは，どことどこの辺の比が等しくなるかな？

1 次の図において，相似な三角形を 3 組選び，記号∽で表しなさい。また，そのときに用いた相似条件を答えなさい。

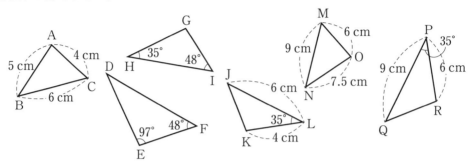

2 右の図のような長方形 ABCD がある。辺 CD の中点をMとし，点Dから線分 AM に垂線をひき，線分 AM との交点をEとする。また，線分 DE の延長上に点F を DE＝EF となるようにとる。このとき，次のことを証明しなさい。

(1) △DEM∽△DFC

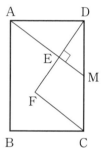

(2) △ADM∽△DFC

3 右の図は，正四面体 A，B の展開図である。展開図の面積がそれぞれ 40 cm²，90 cm² であるとき，正四面体Aの体積は，正四面体Bの体積の何倍か求めなさい。

Aの展開図　　Bの展開図

4 △ABC の辺 AB，AC の中点をそれぞれ P，Q とする。また，△ABC の内部に点 O をとり，線分 OB，OC の中点をそれぞれ R，S とする。このとき，四角形 PRSQ は平行四辺形であることを証明しなさい。

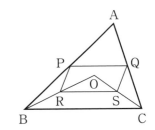

5 右の図の △ABC において，辺 BC，AC の中点をそれぞれ M，N とし，線分 AM，BN の交点を P とする。AB＝14 cm，AM＝9 cm のとき，線分 AP の長さを求めなさい。

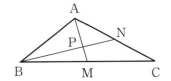

6 右の図のような平行四辺形 ABCD がある。点 E は辺 AD 上の点であり，AE：ED＝2：1 である。線分 AC と線分 BE の交点を F，線分 BE と線分 CD をそれぞれ延長した直線の交点を G とする。BF＝4 cm のとき，線分 EG の長さを求めなさい。

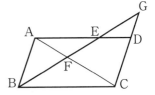

7 AB＝4 cm，BC＝8 cm，CA＝6 cm の △ABC において，∠A の二等分線と辺 BC との交点を D とする。また，線分 AD の延長線上に，点 E を AB∥CE となるようにとる。このとき，次の線分の長さを求めなさい。

(1) BD

(2) CE

8 ある鉄塔の高さを測るため，鉄塔の真下から 20 m 離れた場所に立ち，鉄塔の先端を見上げると，見上げた角度は水平面から 45° であった。目線の高さを 1.6 m として，鉄塔の高さを求めなさい。

22 円周角の定理①

チェック

空欄をうめて，要点のまとめを完成させましょう。

【円周角の定理】

右の図において，

$\angle x = 34° \times$ ①□ = ②□ 。

└ 円周角は中心角の半分

$\angle y$ と $\angle C$ は，同じ弧 ③□ に対する

円周角なので，$\angle y =$ ④□ 。

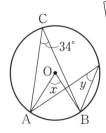

【円周角と弧】

右の図において，$\angle EAB = 20°$，
$\overset{\frown}{BE}:\overset{\frown}{EC}=1:2$ のとき，

$\angle EAB : \angle CDE =$ ⑤□ : ⑥□

└ 弧の長さの比に等しい

となり，$\angle CDE =$ ⑦□ ° となる。

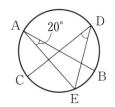

【1つの円周上にある4点】

問 右の図において，4点 A，B，C，D は1つ
の円周上にあることを証明しなさい。

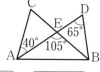

解答 $\triangle CAE$ において，$\angle C =$ ⑧□ ° − ⑨□ ° = ⑩□ ° 。

$\angle ACB = \angle$ ⑪□ なので，円周角の定理の逆より，

4点 A，B，C，D は1つの円周上にある。

円周角の定理

・1つの弧に対する円周角の大きさは，その弧に対する中心角の大きさの半分である。

・同じ弧に対する円周角の大きさは等しい。

円周角と弧の長さ

・円周角の大きさは，弧の長さに比例する。

・長さの等しい弧に対する円周角の大きさは等しい。

円周角の定理の逆

2点 P，Q が，線分 AB について同じ側にあるとき，
$\angle APB = \angle AQB$ ならば，
4点 A，B，P，Q は1つの円周上にある。

トライ

解答 ➡ 別冊 p.16

1 次の図において，$\angle x$，$\angle y$ の大きさを求めなさい。

(1)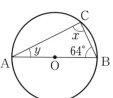

(2)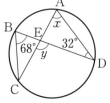

(3)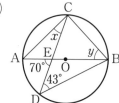

チェックの解答 ①2 ②68 ③AB ④34 ⑤1 ⑥2 ⑦40 ⑧105 ⑨40 ⑩65 ⑪ADB

2 右の図において，$\overset{\frown}{AB}:\overset{\frown}{BC}:\overset{\frown}{CD}:\overset{\frown}{DA}=5:2:3:2$ である。

A
D
B
C

(1) $\angle BDA$ の大きさを求めなさい。

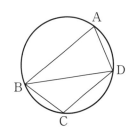

(2) $AB /\!/ DC$ であることを証明しなさい。

3 右の図において，$\angle x$ の大きさを求めなさい。

A
D
100°
48°
x
32°
B
C

4 右の図のように，$\angle A=\angle C=90^\circ$ である四角形 ABCD がある。このとき，4 点 A，B，C，D は 1 つの円周上にあることを証明しなさい。

A
B
D
C

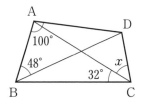

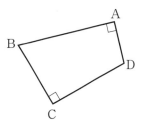

弧が半円，つまり弦が直径に等しいとき，円周角は 90° になるね。

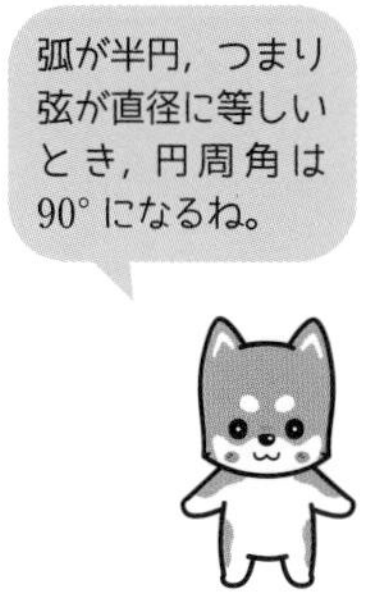

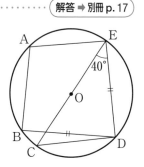

チャレンジ

解答 ➡ 別冊 p. 17

右の図の円 O について，点 A，B，C，D，E は円周上の点である。BD＝DE のとき，$\angle BAE$ の大きさを求めなさい。

A
E
40°
O
B
C
D

23 円周角の定理②

✦ チェック

空欄をうめて，要点のまとめを完成させましょう。

【円の接線の長さ，角の大きさ】

右の図のように，△ABC の各辺に接する円が
あり，それぞれの接点を P，Q，R とするとき，
次のような関係が成り立つ。

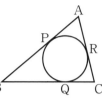

AP＝$\boxed{①}$，BP＝$\boxed{②}$，CQ＝$\boxed{③}$

└‥‥ 円の外部からその円にひいた 2 つの接線の接点までの長さは等しい

ポイント

■ 円の接線の性質

・円の接線は，接点を通る半径に垂直である。

・円の外部からその円にひいた 2 つの接線の接点までの長さは等しい。

【円と相似な三角形】

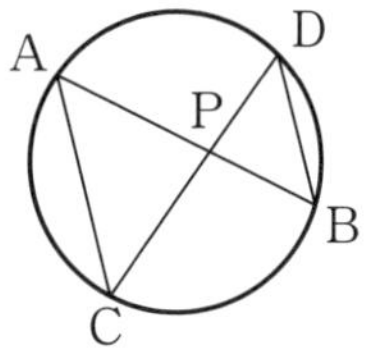

問 右の図において，△PAC∽△PDB を証明
しなさい。

解答 △PAC と △PDB において，

対頂角が等しいから，∠APC＝∠$\boxed{④}$

また，円周角の定理から，∠CAP＝∠$\boxed{⑤}$

└‥‥ CB に対する円周角が等しい

よって，$\boxed{⑥}$ がそれぞれ等しいから，

└‥‥ 三角形の相似条件

△PAC∽△PDB である。

■ 円と相似な三角形

・2 つの弦 AB，CD が点P
で交わっているとき，
△APC∽△DPB

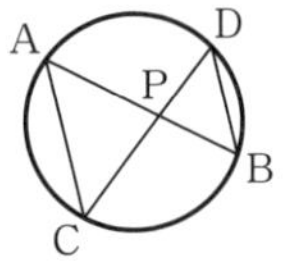

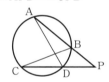

・2 つの弦 AB，CD の延長
が点Pで交わっているとき，
△APD∽△CPB

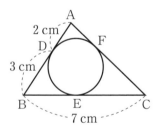

✦ トライ

解答 ➡ 別冊 p.17

1 右の図において，△ABC の各辺は 3 点 D，E，F で円に接し
ている。AD＝2 cm，DB＝3 cm，BC＝7 cm のとき，次の
線分の長さを求めなさい。

(1) 線分 AF

(2) 辺 AC

2 右の図において，PA，PBはともに円Oの接線である。
このとき，∠x，∠yの大きさを求めなさい。

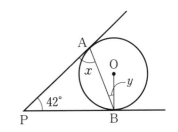

3 図のように，点Oを中心とする円に直線ℓが点Pで接している。
このとき，∠xの大きさを求めなさい。

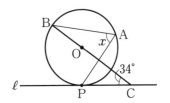

4 右の図のように，円周上に3点A，B，Cがあり，△ABCは
AB＝ACの二等辺三角形である。また，$\overset{\frown}{BC}$上に点Pがあり，弦PA
とBCとの交点をQとする。このとき，△ABQ∽△APBであること
を証明しなさい。

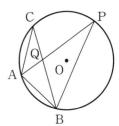

円周角の定理を
うまく利用しよう。

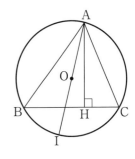

💬 チャレンジ .... 解答 ➡ 別冊 p.17

右の図のように，△ABCの3つの頂点は円の周上にあり，
AB＝15 cm，BC＝14 cm，AC＝13 cm で，面積は 84 cm² であ
る。また，点Oは円の中心である。
　(1) 線分 AH の長さを求めなさい。

　(2) 線分 AI の長さを求めなさい。

59

24 円のいろいろな問題

チェック

空欄をうめて，要点のまとめを完成させましょう。

【円に内接する四角形と角】

右の図において，四角形 ABCD は

円に ① [　　　] しているから，

<u>四角形の対角の和が $180°$</u>

$\angle DCB = 180° - \angle$ ② [　　　] = ③ [　　　] °

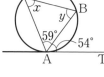

ポイント

円に内接する四角形

円に内接する四角形において，
・対角の和は $180°$ である。
・外角は，それととなり合う
　内角の対角に等しい。

【円の接線と弦のつくる角】

右の図において，直線 AT は点Aを接点とする
円の接線である。

このとき，<u>$\angle BAT = \angle$ ④ [　　　]</u> が成り立ち，

$\angle x =$ ⑤ [　　　] °，$\angle y = 180° - (59° + \angle x) =$ ⑥ [　　　] °

<u>接弦定理</u>

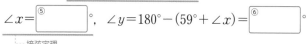

接弦定理

円の接線とその接点を通る弦
のつくる角は，その内部にあ
る弧に対する円周角に等しい。

【方べきの定理と線分の長さ】

(1) 右の図において，

⑦ [　　　] $\times (2+x) =$ ⑧ [　　　] $\times (2+6)$

<u>方べきの定理</u>

より，$x =$ ⑨ [　　　]

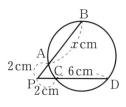

方べきの定理

❶

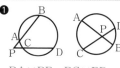

$PA \times PB = PC \times PD$

❷

$PA \times PB = PC^2$
（ただし，PC は円の接線）

(2) 右の図において，PC は円の接線とする。

⑩ [　　　] $\times (4+6) =$ ⑪ [　　　]

<u>方べきの定理</u>

$x > 0$ より，$x =$ ⑫ [　　　]

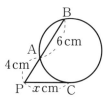

トライ

解答 ⇒ 別冊 p.17

1 次の図において，$\angle x$，$\angle y$ の大きさを求めなさい。

(1)

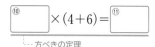

(2)

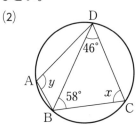

<u>チェックの解答</u> ① 内接　② DAB　③ 118　④ ACB　⑤ 54　⑥ 67　⑦ 2　⑧ 2　⑨ 6　⑩ 4　⑪ x^2　⑫ $2\sqrt{10}$

2 次の図において，直線 AT は A を接点とする円 O の接線である。∠x の大きさを求めなさい。

(1)
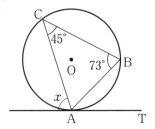

(2)
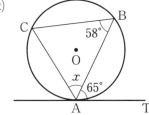

3 次の図において，x の値を求めなさい。ただし，(2) において，PC は C における円の接線である。

(1)
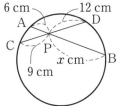

(2)
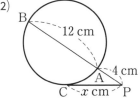

4 右の図において，直線 AT は A を接点とする円 O の接線である。∠x の大きさを求めなさい。

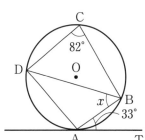

解答 ➡ 別冊 p.18

🧶 **チャレンジ**

図のように，直線 ℓ が点 A で円に接している。$\overarc{AB} = \overarc{BC}$ であるとき，∠x の大きさを求めなさい。

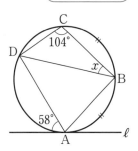

長さの等しい弧に対する円周角の大きさは等しいんだったね。

1 次の図において，∠x の大きさを求めなさい。

(1)

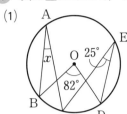

(2)

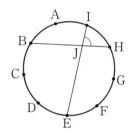

2 図の点 A，B，C，D，E，F，G，H，I は円周を 9 等分している。BH と IE との交点を J とするとき，∠IJH の大きさを求めなさい。

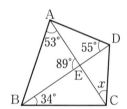

3 右の図において，∠x の大きさを求めなさい。

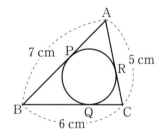

4 右の図の △ABC は，3 点 P，Q，R で円に接している。このとき，次の問いに答えなさい。

(1) AP の長さを求めなさい。

(2) 円の半径が $\dfrac{2\sqrt{6}}{3}$ cm のとき，△ABC の面積を求めなさい。

5 右の図のように，円周上に 4 点 A，B，C，D があり，線分 AC 上に，AB∥DE となるように点Eをとる。このとき，△ADE∽△BCD を証明しなさい。

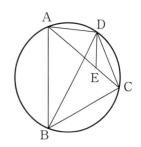

6 次の図において，∠x，∠y の大きさを求めなさい。

(1)
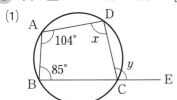

(2)
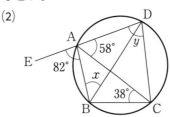

7 次の図において，∠x の大きさを求めなさい。ただし，直線 ℓ，m はそれぞれ点 T，S で円に接しており，点Oは円の中心であるとする。

(1)
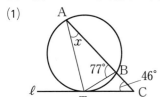

(2)
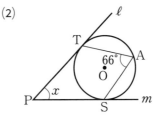

8 次の図において，x の値を求めなさい。
ただし，TP は T における円の接線とする。

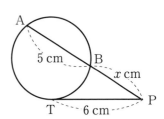

㉕ 三平方の定理

チェック

空欄をうめて，要点のまとめを完成させましょう。

【直角三角形と辺の長さ】

右の直角三角形において，三平方の定理より，

$(6\sqrt{2})^2 + \boxed{①}^2 = \boxed{②}^2$

が成り立つ。$x>0$ より，$x = \boxed{③}$ となる。

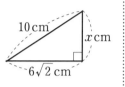

三平方の定理

直角三角形の直角をはさむ 2 辺の長さを a, b, 斜辺の長さを c とすると，$a^2 + b^2 = c^2$

【三平方の定理の逆】

3 辺の長さが 5 cm，12 cm，13 cm の三角形について，

$5^2 + 12^2 = \boxed{④}$，$13^2 = \boxed{⑤}$ であるから，この三角形は，

$a^2 + b^2 = c^2$ が成り立つかどうか確かめる

$\boxed{⑥}$ cm の辺を斜辺とする $\boxed{⑦}$ である。

三平方の定理の逆

3 辺の長さが a, b, c の三角形において，$a^2 + b^2 = c^2$ が成り立つならば，その三角形は，長さ c の辺を斜辺とする直角三角形である。

【三平方の定理と方程式】

問 周の長さが 24 cm の直角三角形があり，斜辺の長さが 10 cm であるとき，残りの 2 辺のうち短い方の長さを求めなさい。

解答 斜辺でない 2 辺のうち短い方の長さを x cm とすると，もう 1 辺の長さは

$(\boxed{⑧})$ cm と表される。三平方の定理より，$x^2 + (\boxed{⑧})^2 = \boxed{⑨}^2$

整理すると，$x^2 - \boxed{⑩}x + \boxed{⑪} = 0$ となる。

これを解くと，$x = \boxed{⑫}$，$\boxed{⑬}$ となり，$x < \boxed{⑧}$ であるから，

x cm の方が短い

短い方の辺の長さは $\boxed{⑭}$ cm …**答**

トライ

解答 ➡ 別冊 p.19

1 次の図において，x の値を求めなさい。

(1)

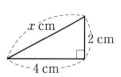

(2)

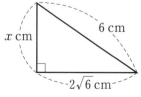

(3)

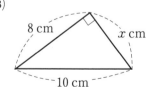

チェックの解答 ①x ②10 ③$2\sqrt{7}$ ④169 ⑤169 ⑥13 ⑦直角三角形 ⑧$14-x$ ⑨10 ⑩14 ⑪48 ⑫⑬6, 8 (順不同) ⑭6

2 △ABC において，BC$=a$，CA$=b$，AB$=c$，∠C$=90°$ とする。次の a，b，c のうち，与えられていない長さを求めなさい。

(1) $a=3$ cm，$b=4$ cm

(2) $b=7$ cm，$c=9$ cm

(3) $a=10$ cm，$c=14$ cm

3 次の長さを 3 辺とする三角形は，直角三角形であるかどうかを答えなさい。

(1) 4 cm，8 cm，6 cm

(2) $2\sqrt{3}$ cm，$\sqrt{6}$ cm，$3\sqrt{2}$ cm

4 直角三角形の，直角をはさむ 2 辺の長さの差が 7 cm で，斜辺の長さが 17 cm のとき，もっとも短い辺の長さを求めなさい。

チャレンジ .... 解答 ➡ 別冊 p.19

直角三角形の直角をはさむ 2 辺の長さを a，b，斜辺の長さを c とすると，$a^2+b^2=c^2$ が成り立つ。(三平方の定理)
このことを，右の図をもとに，方べきの定理を使って証明しなさい。ただし，点Aは円の中心とする。

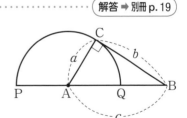

三平方の定理は，他にもいろいろな方法を用いた証明があるよ。

26 三平方の定理の利用①

✎ チェック

空欄をうめて，要点のまとめを完成させましょう。

ポイント

【三角形の高さと面積】

問 右の図において，△ABC の面積を求めなさい。

解答 BH$=x$ cm とすると，

$$AH^2=5^2-\boxed{①}^2 \quad \leftarrow \text{△ABH に三平方の定理}$$

$$AH^2=7^2-(\boxed{②})^2 \quad \leftarrow \text{△ACH に三平方の定理}$$

これを解くと，$x=\boxed{③}$ cm となり，AH$=\boxed{④}$ cm

よって，△ABC$=\dfrac{1}{2}\times 6 \times \boxed{④}=\boxed{⑤}$ (cm²)

【特別な直角三角形の辺の比】

(1) 右の直角二等辺三角形 ABC において，

AB$=\boxed{⑥}$ cm となるから，

BC : AC : AB$=\boxed{⑦}:\boxed{⑧}:\boxed{⑨}$

(2) 右の直角三角形 ABC において，

AC$=\boxed{⑩}$ cm となるから，

BC : AB : AC$=\boxed{⑪}:\boxed{⑫}:\boxed{⑬}$

また，△ABD は $\boxed{⑭}$ である。

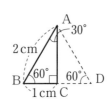

特別な三角形の辺の比

・直角二等辺三角形
　3 辺の比は，$1:1:\sqrt{2}$

・角が 30°，60°，90° の三角形
　3 辺の比は，$1:2:\sqrt{3}$

・1 辺の長さが a の正三角形

　高さ h は，$h=\dfrac{\sqrt{3}}{2}a$

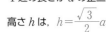

✎ トライ

解答 ➡ 別冊 p.19

1 次の図の △ABC において，x の値を求めなさい。

(1)

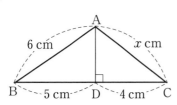

(2)

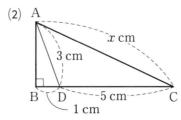

直角がある部分に注目して，三平方の定理を使うんだね。

チェックの解答 ①x ②$6-x$ ③$1$ ④$2\sqrt{6}$ ⑤$6\sqrt{6}$ ⑥$\sqrt{2}$ ⑦$1$ ⑧$1$ ⑨$\sqrt{2}$ ⑩$\sqrt{3}$ ⑪1 ⑫2 ⑬$\sqrt{3}$
⑭ 正三角形

2 右の図の △ABC において，AB＝7 cm，BC＝8 cm，
CA＝9 cm とする。

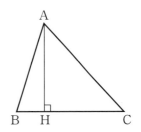

(1) BH＝x cm とおいて，x の値を求めなさい。

(2) 線分 AH の長さを求めなさい。

(3) △ABC の面積を求めなさい。

3 次の図において，x，y の値を求めなさい。

(1)

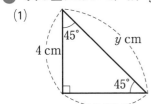

(2)

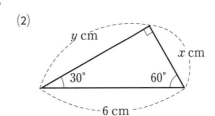

4 右の図において，∠CAD＝30°，AD⊥BC である。
AB＝3 cm，AC＝2 cm のとき，辺 BC の長さを求めなさい。

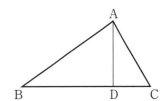

チャレンジ ·· 解答 ➡ 別冊 p. 20

右の図の直角三角形 ABC において，A から斜辺 BC に垂線 AH をひ
いたところ，BH＝4 cm，CH＝3 cm であった。
線分 AH の長さを求めなさい。

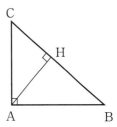

27 三平方の定理の利用②

チェック

空欄をうめて，要点のまとめを完成させましょう。

【三平方の定理と円】

右の図において，

$AH^2 = $ ①□ $^2 - $ ②□ $^2 = $ ③□ より，

⌐── △OAH に三平方の定理

$AH = $ ④□ cm であるから，

弦 AB の長さは ⑤□ cm となる。

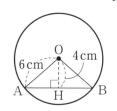

> **ポイント**
>
> **円の中心から弦にひく垂線**
> 円の中心から弦に垂線をひくとき，その垂線の足は弦の中点となる。

【2つの円に共通の接線】

右の図において，OA＝4 cm，

O′B＝3 cm のとき，OO′＝ ⑥□ cm

⌐── 2 つの円が接している

O′ から OA に垂線をひくと，

$O'H^2 = $ ⑦□ $^2 - $ ⑧□ $^2 = $ ⑨□ より，$O'H = $ ⑩□ cm

⌐── △HOO′ に三平方の定理

よって，AB の長さは ⑩□ cm となる。

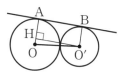

> **2つの円の共通接線**
> 2つの円に共通な接線は，それぞれの円の接点を通る半径にともに垂直である。

【座標平面上の2点間の距離】

座標平面上の2点 A(2, 3)，B(7, 6) において，

$AB^2 = ($ ⑪□ $-$ ⑫□ $)^2 + ($ ⑬□ $-$ ⑭□ $)^2 = $ ⑮□

　　　⌐─ x 座標の差　　　　⌐─ y 座標の差

よって，2点間の距離は ⑯□ となる。

> **2点間の距離**
> 座標平面上の2点間の距離は，
> $\sqrt{(x\text{座標の差})^2 + (y\text{座標の差})^2}$

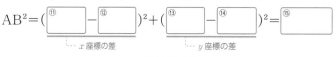

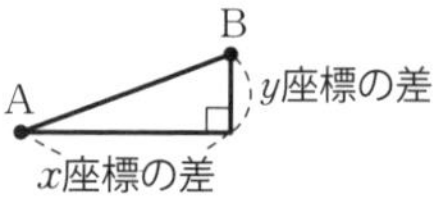

トライ

解答 ➡ 別冊 p.20

1 半径 5 cm の円において，中心 O からの距離が 3 cm である弦 AB の長さを求めなさい。

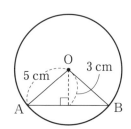

チェックの解答 ①6　②4　③20　④$2\sqrt{5}$　⑤$4\sqrt{5}$　⑥7　⑦7　⑧1　⑨48　⑩$4\sqrt{3}$　⑪⑫7, 2 (順不同)
⑬⑭6, 3 (順不同)　⑮34　⑯$\sqrt{34}$

2 右の図において，AP は円Oの接線で，Pはその接点である。円Oの半径が 2 cm で AP＝6 cm であるとき，2点O，A 間の距離を求めなさい。

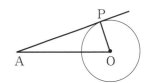

3 右の図において，直線 ℓ は，半径 7 cm の円Oと半径 4 cm の円 O′ に共通な接線であり，点 A，B はそれぞれの接点である。このとき，線分 AB の長さを求めなさい。

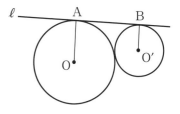

4 3点 A(1, 3)，B(−2, −3)，C(5, 1) を頂点とする △ABC について，次の問いに答えなさい。

(1) 次の辺の長さを求めなさい。

① 辺 AB 　　　　　② 辺 BC 　　　　　③ 辺 CA

> わかりにくいとき
> は，3 点の位置
> を実際にかいて調
> べてみよう。

(2) △ABC はどんな形の三角形か答えなさい。

💬 チャレンジ ················· 解答 ➡ 別冊 p.20

右の図は AD を直径とする円Oである。AH⊥BC，AD＝6 cm，AB＝4 cm，∠CAD＝30° のとき，次の線分の長さを求めなさい。

(1) 線分 AC

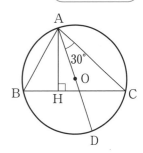

(2) 線分 AH

28 三平方の定理の利用③

チェック

空欄をうめて，要点のまとめを完成させましょう。

【図形の折り返しと線分の長さ】

問 右の図は，長方形 ABCD を，対角線 BD
を折り目として折り返したものである。AE
の長さを求めなさい。

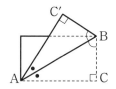

解答 AE＝x cm とすると，

DE＝(① [   ]) cm

折り返した図形であるから，∠CBD＝∠② [   ]
<u>対応する辺の長さや角の大きさは等しい</u>

錯角が等しいから，∠CBD＝∠③ [   ]

よって，△EBD は④ [   ] で，BE＝(⑤ [   ]) cm

したがって，△ABE において，x^2+⑥ $[   ]^2＝($⑦ $[   ])^2$

整理すると，$x＝$⑧ [   ] より，AE＝⑧ [   ] cm …**答**

ポイント

折り返した図形

・折り返す前の図形と折り返した後の図形は合同である。

・折り目は，対応する点を結ぶ線分の垂直二等分線になる。

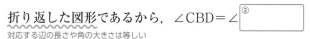

【直方体の対角線と線分の長さ】

右の図において，

$$EG^2＝EF^2+⑨[\quad]^2$$
⌐--- △EFG に三平方の定理

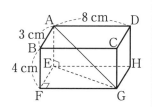

$$AG^2＝AE^2+⑩[\quad]^2 \text{ より，}$$
⌐--- △AEG に三平方の定理

$$AG^2＝4^2+⑪[\quad]^2+⑫[\quad]^2＝⑬[\quad] \qquad AG＝⑭[\quad] cm$$

対角線の長さ

縦，横，高さがそれぞれ a, b, c の直方体の対角線の長さは，$\sqrt{a^2+b^2+c^2}$

トライ

解答 ➡ 別冊 p.20

1 右の図は，長方形 ABCD を，対角線 BD を折り目として折り返したものである。BD の長さを求めなさい。

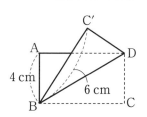

チェックの解答 ①$7-x$ ②C'BD ③ADB（EDB） ④二等辺三角形 ⑤$7-x$ ⑥4 ⑦$7-x$ ⑧$\dfrac{33}{14}$ ⑨FG
⑩EG ⑪⑫3, 8（順不同） ⑬89 ⑭$\sqrt{89}$

2 右の図のように，長方形 ABCD において，辺 BC 上に点 E をとり，頂点Aが点Eと重なるように折り返し，そのときできる折り目をFGとする。

AB＝10 cm，BE＝5 cm のとき，次の問いに答えなさい。

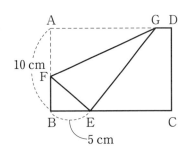

(1) EF＝x cm とおくとき，線分FBの長さをxを用いて表しなさい。

(2) 線分 EF の長さを求めなさい。

3 次の問いに答えなさい。

(1) 3辺の長さが 2 cm，3 cm，4 cm である直方体の対角線の長さを求めなさい。

(2) 1辺の長さが 6 cm である立方体の対角線の長さを求めなさい。

(3) 対角線の長さが $7\sqrt{3}$ cm の立方体の1辺の長さを求めなさい。

💠 **チャレンジ** ･･･ 解答 ➡ 別冊 p.21

右の図は長方形 ABCD を EF で折り返したものである。頂点Bは頂点Dに，頂点Aは頂点Gに移るとする。

(1) △CDF≡△GDE であることを証明しなさい。

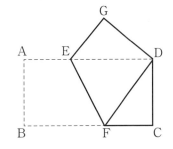

(2) AB＝5 cm，AD＝10 cm とするとき，
① 線分 EG の長さを求めなさい。

折り返した図形の問題は，どことどこの長さや角度が同じになるかに注目しよう。

② △DEF の面積を求めなさい。

71

29 三平方の定理の利用④

🖐 チェック

空欄をうめて，要点のまとめを完成させましょう。

【錐体の高さと体積】

問 右の図のような，底面が1辺6cmの正方形で，他の辺がすべて9cmである正四角錐の体積を求めなさい。

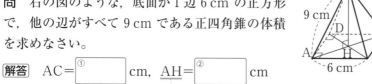

解答 AC=①[　] cm, AH=②[　] cm

‥‥‥ HはACの中点

$OH^2=OA^2-AH^2=$③[　] より, OH=④[　] cm

‥‥‥ △OAH に三平方の定理

よって，体積は，$\dfrac{1}{⑤[\quad]}×6^2×$④[　]$=$⑥[　] (cm³) ‥答

> **ポイント**
>
> ▶ 錐体の体積
>
> 錐体の体積をV，底面積をS，高さをhとすると，
>
> $V=\dfrac{1}{3}Sh$

【立体の表面上の最短経路】

問 底面が半径2cmの円，母線の長さが8cmの円錐上の点Aから，図のように糸をまきつける。糸の長さがもっとも短くなるとき，糸の長さを求めなさい。

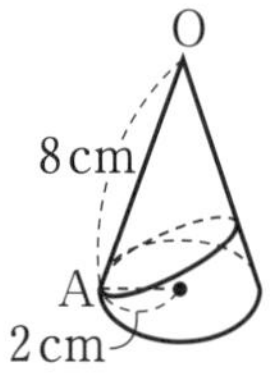

解答 展開図は右下の図のようになる。

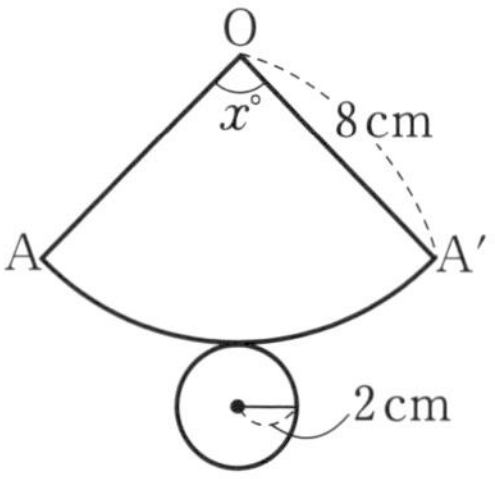

底面の円周の長さは弧⑦[　]の長さと等しいので，∠AOA′=$x°$とすると，

$2×2×π=2×8×π×$⑧[　] より，

∠AOA′=⑨[　]°

糸の長さがもっとも短くなるのは，点Aと点⑩[　]を線分で結んだときであり，その長さは，⑪[　] cm ‥答

> ▶ 立体の面上での最短経路
>
> ・展開図をかいて，平面の上で考える。
> ・1つの平面上にあって，2点を結ぶ線分が最短経路となる。

🖐 トライ

解答 ➡ 別冊 p.21

1 右の図のような円錐の体積を求めなさい。

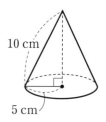

チェックの解答 ①$6\sqrt{2}$ ②$3\sqrt{2}$ ③63 ④$3\sqrt{7}$ ⑤3 ⑥$36\sqrt{7}$ ⑦AA′ ⑧$\dfrac{x}{360}$ ⑨90 ⑩A′ ⑪$8\sqrt{2}$

2 正四角錐 OABCD がある。底面の正方形 ABCD の 1 辺の
長さは 4 cm で，他の辺の長さはすべて 6 cm である。正方形
ABCD の対角線の交点をHとするとき，次の問いに答えなさい。

(1) 線分 AH の長さを求めなさい。

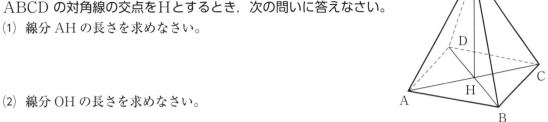

(2) 線分 OH の長さを求めなさい。

(3) 正四角錐 OABCD の体積を求めなさい。

3 右の図のような直方体がある。この直方体の頂点Aから，辺 DH
上の点P，辺 CG 上の点Qを通って頂点Fまで糸をまきつける。
糸の長さがもっとも短くなるとき，糸の長さを求めなさい。

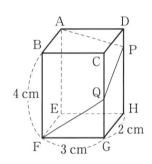

📎 **チャレンジ** ⋯⋯⋯⋯⋯⋯⋯⋯⋯⋯⋯⋯⋯⋯⋯⋯⋯⋯⋯ 解答 ➡ 別冊 p. 21

右の図のように，AB＝AC＝BD＝CD＝7 cm，AD＝4 cm，
BC＝6 cm の四面体 ABCD があり，点Mは辺 AD の中点である。

(1) BM の長さを求めなさい。

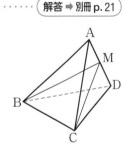

(2) △MBC の面積を求めなさい。

(3) 四面体 ABCD の体積を求めなさい。

四面体 ABCD は，
△MBC を底面
とする 2 つの三
角錐の和として考
えられそうだよ。

1 次の問いに答えなさい。

(1) 直角をはさむ 2 辺の長さが 4 cm，8 cm である直角三角形の斜辺の長さを求めなさい。

(2) 3 辺の長さが 20 cm，21 cm，29 cm である三角形は直角三角形であるかどうかを答えなさい。

2 周の長さが 30 cm の直角三角形があり，斜辺の長さが 13 cm であるとき，残りの 2 辺の長さを求めなさい。

3 右の図のように点 O を中心とする円に四角形 ABCD が内接している。BE＝8 cm，ED＝2 cm とする。

(1) AE の長さを求めなさい。

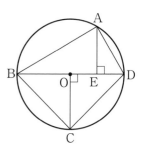

(2) 四角形 ABCD の面積を求めなさい。

(3) 対角線 AC の長さを求めなさい。

4 右の図において，直線 ℓ は，半径 6 cm の円 O と半径 4 cm の円 O′ に共通な接線であり，点 A，B はそれぞれの接点である。2 点 OO′ 間の距離が 15 cm のとき，線分 AB の長さを求めなさい。

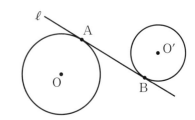

5 3点 A$(-1, -2)$，B$(5, -5)$，C$(2, 4)$ を頂点とする三角形はどんな形の三角形か答えなさい。

6 AB$=6$ cm，AD$=9$ cm である長方形 ABCD を，点Aが点Cに重なるように折り返したとき，点Bが移動した点を B′ とし，辺 AD，BC と折り目の交点をそれぞれ点 E，F とする。このとき，ED の長さ，△CEF の面積，EF の長さを求めなさい。

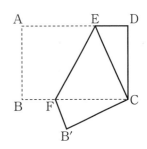

7 右の図は，AB$=5$ cm，AD$=3$ cm，AE$=2$ cm の直方体で，点Mは辺 BF の中点である。
(1) 対角線 BH の長さを求めなさい。

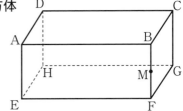

(2) 線分 HM の長さを求めなさい。

8 右の三角錐において，AC$=8$ cm，AB$=$BC である。また，点Oから △ABC にひいた垂線の足を点Hとすると，OH$=5$ cm である。このとき，三角錐 OABC の体積を求めなさい。

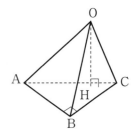

9 底面が半径 1 cm の円，母線の長さが 6 cm の円錐上の点Aから，図のように糸をまきつける。糸の長さがもっとも短くなるとき，糸の長さを求めなさい。

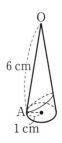

30 母集団と標本

チャート式参考書 >>
第8章 19

チェック

空欄をうめて，要点のまとめを完成させましょう。

ポイント

【全数調査と標本調査】

(1) ある中学校3年生の数学の定期テストの点数を調べる。

この場合，① [　　　] 調査の方が適当である。

(2) 日本の中学校3年生の身長を調べる。

この場合，② [　　　] 調査の方が適当である。

【標本の抽出】

ある中学校の生徒250人のテストの成績を調べるために，大きさ25の標本を抽出する。このとき，

ア 前回のテストの成績上位者25人を選ぶ。

イ 生徒全員に番号をつけ，乱数さいを投げて25人を選ぶ。

ウ 特定の1クラスから25人を選ぶ。

ア〜ウのうち，もっとも適当な抽出法は③ [　　　] である。

【標本平均】

ある学校の生徒が，1人あたり1年間に何回忘れ物をしたかを調査するために，4人を無作為に抽出して調べたところ，

結果は1回，0回，2回，5回であった。
　　　　　　　└---標本の資料

このとき，標本平均は④ [　　　] 回である。

調査の方法

・対象の全部をもれなく調べることを，全数調査という。
・対象の一部を取り出して調べることを，標本調査という。全数調査が非現実的な場合に行う。

母集団と標本

・調査の対象全体のことを，母集団という。母集団の資料の個数を，母集団の大きさという。
・母集団から，標本調査で取り出した対象の集まりを，標本という。標本の資料の個数を，標本の大きさという。
・標本を取り出すことを，抽出するという。標本は，できるだけかたよりがないように，無作為に抽出する。

母集団の推定

・取り出された標本の資料の平均値を，標本平均という。
・標本平均は，母集団全体の平均値とほとんど等しいことから，母集団の状況を推定できる。

トライ

解答 ➡ 別冊 p.23

1 次の調査は，全数調査と標本調査のどちらが適当であるか答えなさい。

(1) ある川の水質調査

(2) あるクラス40人における通学距離の調査

(3) 日本の中学生1人あたりが持っているマンガの冊数の調査

チェックの解答 ① 全数 ② 標本 ③ イ ④ 2

2 ある学年の生徒の通学時間を調べるため，何人かを抽出して標本調査を行う。このとき，次の①〜③のうち，最も適当な抽出法を選び，記号で答えなさい。
① 同じ町に住んでいる生徒から無作為に選ぶ。
② 自転車で通学している生徒から無作為に選ぶ。
③ 生徒全員にくじ引きをさせ，くじが当たった人を選ぶ。

3 ある学校の生徒が，1人あたり1年間に何回図書室を利用しているかを標本調査した。そのために，5人を無作為に抽出して調べたところ，その結果は次の通りであった。
$$27回，34回，40回，28回，16回$$
このとき，標本平均を求めなさい。

4 ある中学校の1年生は男子82人，女子90人，2年生は男子75人，女子74人，3年生は男子78人，女子84人である。次の各調査における，母集団の大きさと標本の大きさを求めなさい。
(1) 1年生の男子全員から10人を選び，好きなスポーツを調査する。

(2) 2年生全員から20人を選び，自宅での1日の勉強時間を調査する。

(3) 女子全員から30人を選び，1年間に読んだ本の冊数を調査する。

✎ **チャレンジ** ・・・・・・・・・・・・・・・・・・・・・・・・・・・・・・ 解答 ➡ 別冊 p.23
ある工場で，同じ製品が60000個製造された。このうち300個を無作為に抽出して検査したところ，2個が不良品であった。このとき，この工場で製造された60000個の製品のうち，不良品の個数はおよそ何個であるか推定しなさい。

300個のうち2個の割合で不良品があるんだね。

☐ 点 / 100点

❶ 次の式を計算しなさい。[5 点×3-15 点]

(1) $(x+2)(x-7)+(2x-1)(x+1)$

(2) $(5x-y)(3x+2y)-(x-3y)^2$

(3) $(7a-4b)(7a+4b)-(2a+3b)(a-b)$

❷ $x=\sqrt{10}+\sqrt{6}$，$y=\sqrt{10}-\sqrt{6}$ のとき，次の式の値を求めなさい。[5 点×4-20 点]

(1) $x+y$

(2) xy

(3) $x^2-2xy+y^2$

(4) x^2-y^2

❸ 図において，点Pは $y=-x+10$ のグラフ上の点であり，点Aは PO＝PA となる x 軸上の点である。点Pの x 座標を a として，次の問いに答えなさい。ただし，$0<a<10$ とする。

[5 点×2-10 点]

(1) △POA の面積を a を用いて表しなさい。

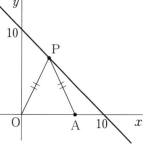

(2) △POA の面積が 21 のとき，a の値を求めなさい。

❹ 1辺 6 cm の正方形 ABCD がある。点P，Q はそれぞれ点 A，B を同時に出発し，点Pは秒速 1 cm，点Qは秒速 2 cm で周上を反時計回りに動く。点P，Q が出発してから x 秒後の △APQ の面積を y cm² とするとき，x と y の関係をグラフに表しなさい。ただし，$0 \leqq x \leqq 9$ とする。[10 点]

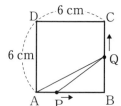

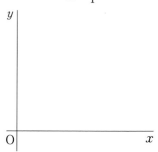

5 右の図のように，1辺が 25 cm の正三角形 ABC がある。辺 BC 上に点 D をとり，辺 AB 上に，∠ADE＝60° となるように点 E をとる。

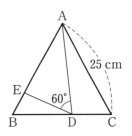

(1) △ACD∽△DBE を証明しなさい。[10 点]

(2) BD＝15 cm のとき，線分 BE の長さを求めなさい。[7 点]

6 右の図のように，円 O の円周上に 4 点 A，B，C，D をとる。∠ABC＝66° のとき，∠ADB の大きさを求めなさい。[7 点]

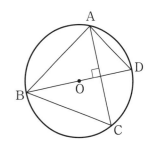

7 右の図で，点 O は原点，A(−2, 3)，B(7, 9) である。

[7 点×2-14 点]

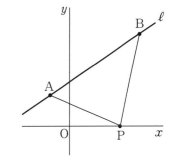

(1) 直線 ℓ の式を求めなさい。

(2) AP＋BP＝d とする。d の値がもっとも小さくなるとき，d の値を求めなさい。

8 袋の中に，大きさが等しい赤玉と白玉がたくさん入っている。袋の中の玉全体をよくかき混ぜてから 40 個の玉を取り出し，その中の白玉の個数を数えてから玉をもとに戻すことを 4 回くり返したところ，白玉の個数は次のようになった。

　　　　1 回目…26 個，　2 回目…25 個，　3 回目…30 個，　4 回目…23 個

このとき，標本平均を答えなさい。また，袋の中の白玉の個数の割合を推定しなさい。[完答 7 点]

初版
第 1 刷　2021 年 4 月 1 日　発行
第 2 刷　2023 年 2 月 1 日　発行
第 3 刷　2024 年 8 月 1 日　発行

●編 者
　数研出版編集部
●カバー・表紙デザイン
　有限会社アーク・ビジュアル・ワークス

発行者　星野　泰也

ISBN978-4-410-15144-6

チャート式®　中学数学　3 年　準拠ドリル

発行所　数研出版株式会社

本書の一部または全部を許可なく
複写・複製することおよび本書の
解説・解答書を無断で作成するこ
とを禁じます。

〒101-0052 東京都千代田区神田小川町 2 丁目 3 番地 3
　　　　　　〔振替〕00140-4-118431
〒604-0861 京都市中京区烏丸通竹屋町上る大倉町205番地
〔電話〕代表　(075) 231-0161
ホームページ　https://www.chart.co.jp
印刷　創栄図書印刷株式会社
　　　乱丁本・落丁本はお取り替えいたします　240603

3年

準拠ドリル

答えと解説

1 多項式の計算

トライ ➡本冊 p.4

1 (1) $9a^2-15ab$　(2) $-20y+15x$

2 (1) $ab+4a+b+4$　(2) $2a^2+5a-3$

(3) $2x^3-x^2+3x+2$

(4) $a^2-ab-6b^2+a+7b-2$

3 (1) $x^2+11x+30$　(2) $x^2+2xy-3y^2$

(3) $x^2+10x+25$　(4) $9x^2+6x+1$

(5) $x^2-x+\dfrac{1}{4}$　(6) $4a^2-20ab+25b^2$

(7) $4x^2-1$　(8) $-\dfrac{1}{4}p^2+\dfrac{1}{9}q^2$

4 (1) $4x^2+y^2+4xy-4x-2y+1$

(2) $p^2-9q^2+24q-16$

解説

1 分配法則を使う。除法は乗法になおす。

(2) $-\dfrac{16xy^2\times5}{4xy}+\dfrac{12x^2y\times5}{4xy}=-20y+15x$

2 多項式の一方をひとまとめにして計算する。

(3) $2x(x^2-x+2)+(x^2-x+2)$
$=2x^3-2x^2+4x+x^2-x+2=2x^3-x^2+3x+2$

(4) $a(a-3b+2)+2b(a-3b+2)-(a-3b+2)$
$=a^2-3ab+2a+2ab-6b^2+4b-a+3b-2$
$=a^2-ab-6b^2+a+7b-2$

3 展開の公式にあてはめて計算する。

(2) $x^2+(-y+3y)x-y\times3y=x^2+2xy-3y^2$

(4) $(3x)^2+2\times3x\times1+1^2=9x^2+6x+1$

(6) $(2a)^2-2\times2a\times5b+(5b)^2=4a^2-20ab+25b^2$

(8) $\left(\dfrac{1}{3}q+\dfrac{1}{2}p\right)\left(\dfrac{1}{3}q-\dfrac{1}{2}p\right)=\left(\dfrac{1}{3}q\right)^2-\left(\dfrac{1}{2}p\right)^2$
$=-\dfrac{1}{4}p^2+\dfrac{1}{9}q^2$

4 同じ式を1つの文字におきかえて，公式を使う。

(2) $3q-4=M$ とおくと，
$(p+M)(p-M)=p^2-M^2=p^2-(3q-4)^2$
$=p^2-(9q^2-24q+16)=p^2-9q^2+24q-16$

チャレンジ ➡本冊 p.5

(1) $2x^2+3x-26$　(2) $-9y^2$

解説

一度展開し，同類項をまとめて整理する。

(1) $(x^2+3x-10)+(x^2-16)=2x^2+3x-26$

(2) $(x^2-4xy-5y^2)-(x^2-4xy+4y^2)=-9y^2$

くわしく! いろいろな計算 ……………… チャート式参考書 ≫p.16

2 因数分解

トライ ➡本冊 p.6

1 (1) $m(3a-5b)$　(2) $3xy(x+4)$

(3) $2a(bc+2b-4c)$　(4) $(x+1)(y-2)$

2 (1) $(x+2)(x+6)$　(2) $(x+3)(x-7)$

(3) $(x+2)(x-11)$　(4) $(x+14)(x-4)$

3 (1) $(x+7)^2$　(2) $(y+6)(y-6)$

(3) $\left(x-\dfrac{1}{2}y\right)^2$　(4) $(6p+7q)(6p-7q)$

(5) $3(a-2b)(a-4b)$　(6) $a(b+2)(b-2)$

(7) $3x(3x+2y)(3x-2y)$

(8) $-2a(x+6)(x-8)$

4 (1) $(x+y+1)(x+y+2)$

(2) $3(x-y)(x+y)$

解説

1 共通因数をくくり出して整理する。

(4) $x\times(y-2)+1\times(y-2)=(x+1)(y-2)$

2 因数分解の公式にあてはめて計算する。

(4) $x^2+(14-4)x+14\times(-4)=(x+14)(x-4)$

3 共通因数でくくれるものは，先にくくる。

(7) $3x(9x^2-4y^2)=3x(3x+2y)(3x-2y)$

(8) $-2a(x^2-2x-48)=-2a(x+6)(x-8)$

くわしく! 2段階型の因数分解 ………… チャート式参考書 ≫p.23

4 同じ式を1つの文字におきかえて，公式を使う。

(2) $2x-y=M$, $x-2y=N$ とおくと，
$M^2-N^2=(M+N)(M-N)$
$=\{(2x-y)+(x-2y)\}\{(2x-y)-(x-2y)\}$
$=(3x-3y)(x+y)=3(x-y)(x+y)$

チャレンジ ➡本冊 p.7

(1) $(x+3)(x-3)$

(2) $(3x+5y-2)(3x-5y-2)$

解説

いくつかの項を1つにまとめて，公式を使う。

(1) $(x^2-3x-4)-(5-3x)=x^2-9=(x+3)(x-3)$

(2) $(9x^2-12x+4)-25y^2=(3x-2)^2-(5y)^2$
$=(3x-2+5y)(3x-2-5y)$
$=(3x+5y-2)(3x-5y-2)$

くわしく! 複雑な式の因数分解 ………… チャート式参考書 ≫p.25

③ 式の計算の利用

1 (1) 3596　(2) 3200
2 (1) 200　(2) 2
3 解説参照
4 解説参照

解説

1 展開や因数分解の公式を利用できるように，数の表し方をくふうする。
(1) $(60+2)(60-2)=60^2-2^2=3596$
(2) $(66+34)(66-34)=100\times32=3200$

2 先に式を整理してから，数値を代入する。
(1) $x^2-4x-21=(x+3)(x-7)=20\times10=200$
(2) $(x^2+2x-24)+(25-x^2)=2x+1=1+1=2$

3 中央の整数を $3n$（n は整数）とすると，もっとも小さい整数は $3n-1$，もっとも大きい整数は $3n+1$ と表される。これらの 2 乗の差は，
$(3n+1)^2-(3n-1)^2$
$=(9n^2+6n+1)-(9n^2-6n+1)=12n$
よって，12 の倍数である。

くわしく！ 整数の性質と式の計算 ………… チャート式参考書 >>p.31

4 道の中央を通る線の長さ ℓ m は，長方形の周の長さと，半径 $\frac{1}{2}p$ m の円周の長さの和に等しい。

$\ell=2(a+b)+2\pi\times\frac{1}{2}p=2a+2b+\pi p$

また，道の面積 S m^2 は，
$S=2(a+b)\times p+\pi p^2=2ap+2bp+\pi p^2$
よって，$S=p(2a+2b+\pi p)=p\ell$

関係：$a+b+c+d=2(bd-ac)$
証明：解説参照

解説

$b=a+1$, $c=a+2$, $d=a+3$ であるから，
$bd-ac=(a+1)(a+3)-a(a+2)$
$=(a^2+4a+3)-(a^2+2a)=2a+3$
$a+b+c+d=a+(a+1)+(a+2)+(a+3)$
$=4a+6=2(2a+3)$
よって，$a+b+c+d=2(bd-ac)$

① (1) $12x^2y-6xy^2+15xy$

(2) $-16ab+12b-4$　(3) $3x-y$　(4) $8a-2b$

② (1) $ax-ay+bx-by$
(2) $2a^2-ab+a-b-1$
(3) $a^3-2a^2b-ab^2-6b^3$
(4) $2x^4-x^3-5x^2+13x-12$

③ (1) $x^2+5x-24$　(2) $16x^2+24x+9$
(3) $a^2-\frac{1}{2}ab+\frac{1}{16}b^2$　(4) x^2-36
(5) $x^2-4xy+4y^2+8x-16y+16$
(6) $a^2-b^2-c^2-2bc$　(7) $15x-11$
(8) $10a^2-16ab-17b^2$

④ (1) $xy(2x-1)$　(2) $(x-2)(x-4)$
(3) $(x+9)^2$　(4) $(2x+3)(2x-3)$

⑤ (1) $ax(x+y)(x-2y)$
(2) $(x+y+1)(x+y+3)$
(3) $(x+y-1)(x-y+1)$
(4) $(a-2)(a-b+3)$

⑥ (1) 399　(2) 8999999

⑦ (1) 4　(2) $-\frac{11}{18}$

⑧ 解説参照

⑨ $(2ab-2a^2)$ cm^2

解説

① (4) $\dfrac{6a^2b^2+ab^3}{ab^2}+\dfrac{18ab^2-27b^3}{9b^2}$
$=(6a+b)+(2a-3b)=8a-2b$

② (4) $2x^4-3x^3+4x^2+2x^3-3x^2+4x-6x^2+9x-12$
$=2x^4-x^3-5x^2+13x-12$

③ (6) $b+c=M$ とおくと，
$(a+M)(a-M)=a^2-M^2=a^2-(b+c)^2$
$=a^2-(b^2+2bc+c^2)=a^2-b^2-c^2-2bc$
(8) $(9a^2-12ab+4b^2)+(a^2-4ab-21b^2)$
$=10a^2-16ab-17b^2$

④ (4) $(2x)^2-3^2=(2x+3)(2x-3)$

⑤ (3) $y-1=M$ とおくと，
$x^2-M^2=(x+M)(x-M)=(x+y-1)(x-y+1)$
(4) $(a-2)(a+3)-b(a-2)$　$a-2=M$ とおくと，
$M(a+3)-bM=M(a-b+3)=(a-2)(a-b+3)$

⑥ (1) $(200+199)(200-199)=399\times1=399$
(2) $(3000+1)(3000-1)=3000^2-1^2=8999999$

⑦ (2) $4(x^2+6xy-y^2)-3(2x^2+8xy-y^2)$
$=4x^2+24xy-4y^2-6x^2-24xy+3y^2$
$=-2x^2-y^2=-2\times\left(-\frac{1}{2}\right)^2-\left(\frac{1}{3}\right)^2=-\frac{11}{18}$

⑧ 中央の偶数を $2n$（n は整数）とすると，もっとも小

さい偶数は $2n-2$, もっとも大きい偶数は $2n+2$ と表される。

$(2n-2)\times 2n\times(2n+2)=2n(4n^2-4)=8(n^3-n)$

よって，連続する3つの偶数の積は8の倍数になる。

別解 もっとも小さい偶数を $2n$ としてもよい。

この場合，中央の偶数は $2n+2$, もっとも大きい偶数は $2n+4$ と表される。

$2n(2n+2)(2n+4)=2n\times 2(n+1)\times 2(n+2)$
$=8n(n+1)(n+2)$

よって，積は8の倍数になることがわかる。

9 斜線部分の面積は，正方形Cの面積から，正方形Aの面積と正方形Bの面積をひいたものである。

$b^2-a^2-(b-a)^2=b^2-a^2-b^2+2ab-a^2$
$=2ab-2a^2 \ (\text{cm}^2)$

第2章 平方根

4 平方根

トライ ➡本冊 p.12

1 (1) ± 9 (2) $\pm\dfrac{6}{7}$ (3) $\pm\sqrt{11}$

2 (1) 7 (2) 5 (3) 6

3 $\sqrt{10}$

4 有理数：$\sqrt{0.01}$, $\sqrt{100}$ 無理数：$\sqrt{0.1}$, $\sqrt{10}$

5 (1) $1.\dot{6}$ (2) $\dfrac{7}{45}$

解説

1 $a>0$ のとき，平方根は $\pm\sqrt{a}$ である。

(2) $\left(\dfrac{6}{7}\right)^2=\left(-\dfrac{6}{7}\right)^2=\dfrac{36}{49}$ より，$\dfrac{36}{49}$ の平方根は $\pm\dfrac{6}{7}$

2 $a>0$ のとき，$(\sqrt{a})^2=(-\sqrt{a})^2=a$,
$\sqrt{a^2}=\sqrt{(-a)^2}=a$ である。

(3) $\sqrt{(-6)^2}=\sqrt{36}=6$

3 正の数 a, b が，$a<b$ ならば，$\sqrt{a}<\sqrt{b}$ である。

$3^2=9$, $(\sqrt{10})^2=10$, $\left(\dfrac{22}{7}\right)^2=\dfrac{484}{49}=9\dfrac{43}{49}$

$3^2<\left(\dfrac{22}{7}\right)^2<(\sqrt{10})^2$ より，$3<\dfrac{22}{7}<\sqrt{10}$ である。

くわしく！ 平方根の大小 …………………… チャート式参考書 ≫p.41

4 有理数は，整数だけを用いた分数の形で表せる。無理数は，そのような形では表せない。

$\sqrt{0.01}=\sqrt{(0.1)^2}=0.1=\dfrac{1}{10}$, $\sqrt{100}=\sqrt{10^2}=10$

5 循環小数は，くり返しの最初と最後の数字の上に記号「・」をつけて表す。また，循環小数は必ず分数で表せる。

---

(2) $x=0.1\dot{5}$ とおくと，$10x=1.\dot{5}$, $100x=15.\dot{5}$ であるから，$100x-10x=14$ となり，$x=\dfrac{14}{90}=\dfrac{7}{45}$

チャレンジ ➡本冊 p.13

$2n$ 個

解説

正の数 a, b が，$\sqrt{a}<\sqrt{b}$ ならば，$a<b$ である。

$n<\sqrt{a}<n+1$ より，$n^2<a<(n+1)^2$ なので，これを満たす自然数 a は，n^2+1 から $(n+1)^2-1$ までとなる。その個数は，

$(n+1)^2-1-(n^2+1)+1=2n$ (個)

5 根号をふくむ式の計算①

トライ ➡本冊 p.14

1 (1)① $\sqrt{48}$ ② $\sqrt{10}$ (2)① $3\sqrt{6}$ ② $\dfrac{\sqrt{3}}{10}$

2 (1) $6\sqrt{6}$ (2) $\sqrt{5}$ (3) $12\sqrt{30}$ (4) 12
(5) 4 (6) $21\sqrt{10}$

3 (1) $\dfrac{\sqrt{5}}{5}$ (2) $\dfrac{\sqrt{14}}{2}$ (3) $\dfrac{\sqrt{6}}{4}$

4 (1) $\sqrt{3}+4\sqrt{6}$ (2) $7\sqrt{2}$ (3) $-\sqrt{7}$
(4) $5\sqrt{2}$ (5) $6\sqrt{2}$ (6) 0

解説

1 正の数 a, k に対して，$\sqrt{k^2a}=k\sqrt{a}$,

$\sqrt{\dfrac{a}{k^2}}=\dfrac{\sqrt{a}}{k}$ が成り立つことを利用する。

(1)② $\dfrac{\sqrt{40}}{2}=\sqrt{\dfrac{40}{2^2}}=\sqrt{\dfrac{40}{4}}=\sqrt{10}$

別解 $\dfrac{\sqrt{40}}{2}=\dfrac{\sqrt{2^2\times 10}}{2}=\dfrac{2\sqrt{10}}{2}=\sqrt{10}$

(2)② $\sqrt{0.03}=\sqrt{\dfrac{3}{100}}=\sqrt{\dfrac{3}{10^2}}=\dfrac{\sqrt{3}}{10}$

2 平方根の乗法・除法の計算のきまりを使う。

(5) $\sqrt{\dfrac{8\times 12}{6}}=\sqrt{\dfrac{2^3\times(3\times 2^2)}{2\times 3}}=\sqrt{4^2}=4$

(6) $\sqrt{7\times 21\times 30}=\sqrt{7\times(7\times 3)\times(10\times 3)}$
$=\sqrt{21^2\times 10}=21\sqrt{10}$

3 分母・分子に同じ数をかけて，分母に $\sqrt{}$ がない形をつくる。

(3) $\dfrac{\sqrt{3}}{2\sqrt{2}}=\dfrac{\sqrt{3}\times\sqrt{2}}{2\sqrt{2}\times\sqrt{2}}=\dfrac{\sqrt{6}}{4}$

4 平方根の加法・減法では，同じ値の $\sqrt{}$ は1つの

文字とみて，同類項をまとめて計算する。

(4) $4\sqrt{2}+2\sqrt{2}-\sqrt{2}=(4+2-1)\sqrt{2}=5\sqrt{2}$

(5) $5\sqrt{2}-2\sqrt{2}+3\sqrt{2}=(5-2+3)\sqrt{2}=6\sqrt{2}$

(6) $2\sqrt{3}+4\sqrt{3}-6\sqrt{3}=(2+4-6)\sqrt{3}=0\times\sqrt{3}=0$

くわしく！ 根号をふくむ式の加法・減法 … **チャート式参考書** ≫p.50

チャレンジ ➡**本冊 p.15**

(1) -8　(2) $3\sqrt{6}$　(3) $3\sqrt{6}$　(4) $\dfrac{19\sqrt{2}}{4}$

解説

根号の中の数を簡単にしたり，分母を有理化したりして，整理してから計算するとよい。

(1) $\dfrac{4\sqrt{6}\times(-3\sqrt{2})}{3\sqrt{3}}=-4\sqrt{\dfrac{12}{3}}=-4\sqrt{2^2}=-8$

(2) $3\sqrt{15}\times\dfrac{\sqrt{6}}{3}\times\sqrt{\dfrac{3}{5}}=\sqrt{\dfrac{(5\times3)\times(3\times2)\times3}{5}}$

$=\sqrt{3^2\times6}=3\sqrt{6}$

(3) $\dfrac{6\sqrt{2}\times\sqrt{3}}{\sqrt{3}\times\sqrt{3}}+\dfrac{3\sqrt{6}}{2}-\dfrac{\sqrt{3}\times\sqrt{2}}{\sqrt{2}\times\sqrt{2}}$

$=2\sqrt{6}+\dfrac{3\sqrt{6}}{2}-\dfrac{\sqrt{6}}{2}=\left(2+\dfrac{3}{2}-\dfrac{1}{2}\right)\sqrt{6}=3\sqrt{6}$

(4) $\dfrac{4\sqrt{2}}{\sqrt{2}\times\sqrt{2}}-\dfrac{3\sqrt{2}}{2\sqrt{2}\times\sqrt{2}}+2\sqrt{2}+\dfrac{3\sqrt{2}}{\sqrt{2}\times\sqrt{2}}$

$=2\sqrt{2}-\dfrac{3\sqrt{2}}{4}+2\sqrt{2}+\dfrac{3\sqrt{2}}{2}=\dfrac{19\sqrt{2}}{4}$

⑥ 根号をふくむ式の計算②

トライ ➡**本冊 p.16**

1 (1) $\sqrt{6}-6$　(2) $15\sqrt{2}-6\sqrt{3}$　(3) $\sqrt{2}$

(4) $3+3\sqrt{7}$

2 (1) $3\sqrt{2}+9$　(2) $24-8\sqrt{6}-9\sqrt{2}+6\sqrt{3}$

(3) 7　(4) $14\sqrt{3}-24$

3 (1) $2\sqrt{2}$　(2) 1　(3) $2\sqrt{2}$　(4) $4\sqrt{2}$

4 (1) 7　(2) $4\sqrt{5}-8$　(3) $88-36\sqrt{5}$

解説

1 分配則や展開の公式を利用する。

(3) $\sqrt{6}\times\sqrt{3}-\sqrt{6}\times\sqrt{2}+2\sqrt{3}-2\sqrt{2}$

$=\sqrt{3^2\times2}-\sqrt{2^2\times3}+2\sqrt{3}-2\sqrt{2}$

$=3\sqrt{2}-2\sqrt{3}+2\sqrt{3}-2\sqrt{2}=\sqrt{2}$

2 分配則や展開の公式を利用する。

(3) $4\sqrt{3}+(4-4\sqrt{3}+3)=4\sqrt{3}+7-4\sqrt{3}=7$

(4) $(4\sqrt{3}+2\sqrt{6}-2\sqrt{6}-2\sqrt{3})-(6-12\sqrt{3}+18)$

$=2\sqrt{3}-(24-12\sqrt{3})=14\sqrt{3}-24$

3 先に式を整理してから，数値を代入する。

(3) $x^2y+xy^2=xy(x+y)=1\times2\sqrt{2}=2\sqrt{2}$

(4) $x-y=(\sqrt{2}+1)-(\sqrt{2}-1)=2$ より，

$x^2-y^2=(x+y)(x-y)=2\sqrt{2}\times2=4\sqrt{2}$

4 $n<4\sqrt{5}-1<n+1$ となるような自然数 n を考える。

(1) $4\sqrt{5}=\sqrt{80}$，$\sqrt{8^2}<\sqrt{80}<\sqrt{9^2}$ より，

$8<4\sqrt{5}<9$，$7<4\sqrt{5}-1<8$ なので，$a=7$

(2) $b=(4\sqrt{5}-1)-7=4\sqrt{5}-8$

(3) $b^2+7b=b(b+7)=(4\sqrt{5}-8)(4\sqrt{5}-1)$

$=80-4\sqrt{5}-32\sqrt{5}+8=88-36\sqrt{5}$

くわしく！ 無理数の整数部分，小数部分 … **チャート式参考書** ≫p.55

チャレンジ ➡**本冊 p.17**

$n=1,\ 43,\ 73,\ 91,\ 97$

解説

$\sqrt{a}$ が整数となるには，$a=(\text{整数})^2$ の形となればよい。

$582-6n=6(97-n)$ より，k を整数として，

$97-n=6k^2$ と表されれば，

$\sqrt{582-6n}=\sqrt{6\times6k^2}=6k$ より，整数となる。

$k=0$ のとき，$97-n=6\times0^2=0$ より，$n=97$

$k=1$ のとき，$97-n=6\times1^2=6$ より，$n=91$

$k=2$ のとき，$97-n=6\times2^2=24$ より，$n=73$

$k=3$ のとき，$97-n=6\times3^2=54$ より，$n=43$

$k=4$ のとき，$97-n=6\times4^2=96$ より，$n=1$

k が 5 以上のときは，n が負の数となる。

よって，$n=1,\ 43,\ 73,\ 91,\ 97$

くわしく！ $\sqrt{}$ と自然数 ………………… **チャート式参考書** ≫p.54

⑦ 近似値と有効数字

トライ ➡**本冊 p.18**

1 (1) 22.36　(2) 70.71　(3) 0.7071　(4) 0.2236

2 (1) $42.05\leqq a<42.15$

(2) $42.095\leqq a<42.105$

3 (1) 8.30×10^5　(2) $4.780\times\dfrac{1}{10^4}$

(3) 5.09×10^4　(4) $7.8\times\dfrac{1}{10^3}$

4 0.025

解説

1 与えられた値が使えるように変形する。

(1) $\sqrt{10^2 \times 5} = 10\sqrt{5} = 10 \times 2.236 = 22.36$

(3) $\sqrt{\dfrac{5}{10}} = \sqrt{\dfrac{50}{10^2}} = \dfrac{\sqrt{50}}{10} = 7.071 \div 10 = 0.7071$

2 四捨五入すると与えられた近似値になるような数の範囲を考える。

(1) 小数第 2 位を四捨五入するので，誤差の絶対値は 0.05 g 以下であり，$42.05 \leqq a < 42.15$

(2) 小数第 3 位を四捨五入するので，誤差の絶対値は 0.005 g 以下であり，$42.095 \leqq a < 42.105$

3 指定のけた数の 1 つ下の位を四捨五入する場合に注意する。

(3) 信頼できる数字は 5，0，8 であり，十の位の 5 を四捨五入するので，5.09×10^4

(4) 信頼できる数字は 7，8 であり，小数第五位の 4 を四捨五入するので，$7.8 \times \dfrac{1}{10^3}$

> くわしく！ 近似値と有効数字 ‥‥‥‥‥‥‥ チャート式参考書 》》p.59

4 実際の値と近似値の差が誤差となる。
$\dfrac{11}{40} = 0.275$ より，誤差は，$0.3 - 0.275 = 0.025$

チャレンジ ➡本冊 p.19

(1)① $161.5 \leqq x < 162.5$ ② $161 < x \leqq 162$

(2) $0 \leqq e < 1$

解説

(2) 数直線で表すと下の図のようになる。

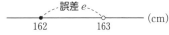

よって，誤差が 1 より大きくなることはないので，$0 \leqq e < 1$ となる。

> くわしく！ 真の値の範囲と誤差の範囲 ‥‥‥ チャート式参考書 》》p.58

確認問題② ➡本冊 p.20

1 ②，⑤

2 $a = 5$，6，7，8，9，10，11

3 (1) $\dfrac{15}{37}$ (2) $\dfrac{2011}{990}$

4 (1) $12\sqrt{5}$ (2) $\dfrac{\sqrt{30}}{4}$ (3) $-\sqrt{5}$ (4) $-\dfrac{8\sqrt{5}}{5}$

5 (1) $8 - 2\sqrt{15}$ (2) -11

6 (1) 2 (2) $3 + 2\sqrt{3}$

7 $n = 8$，11，15，16

8 (1) $35 - 10\sqrt{10}$ (2) 1

9 (1) **4.242** (2) **7.07** (3) **0.866**

10 $14.05 \leqq a < 14.15$

11 1.44×10^6 トン

解説

1 ① 64 の平方根は ± 8 ③ $\sqrt{(-5)^2} = 5$
④ $\sqrt{9} = 3$ ⑥ $\sqrt{121} = 11$ より，有理数である。

2 $2^2 < (\sqrt{a})^2 < \left(\dfrac{10}{3}\right)^2$ より，$4 < a < 11\dfrac{1}{9}$

これを満たす a の値は，5，6，7，8，9，10，11

3 (2) $x = 2.0\dot{3}\dot{1}$ とおくと，$10x = 20.\dot{3}\dot{1}$，
$1000x = 2031.\dot{3}\dot{1}$ であるから，$1000x - 10x = 2011$
となり，$x = \dfrac{2011}{990}$

4 (2) $\dfrac{\sqrt{15}}{2\sqrt{2}} = \dfrac{\sqrt{15} \times \sqrt{2}}{2\sqrt{2} \times \sqrt{2}} = \dfrac{\sqrt{30}}{4}$

(4) $2\sqrt{5} + \dfrac{7\sqrt{5}}{5} - 5\sqrt{5} = \left(2 + \dfrac{7}{5} - 5\right)\sqrt{5} = -\dfrac{8\sqrt{5}}{5}$

5 (1) $(\sqrt{5})^2 - 2\sqrt{15} + (\sqrt{3})^2 = 8 - 2\sqrt{15}$

(2) $3^2 - (2\sqrt{5})^2 = 9 - 20 = -11$

6 (1) $x^2 - 2x = x(x-2) = (\sqrt{3}+1)(\sqrt{3}-1) = 3 - 1 = 2$

(2) $x^2 - 1 = (x+1)(x-1) = (\sqrt{3}+2)\sqrt{3} = 3 + 2\sqrt{3}$

7 k を整数として，$49 - 3n = k^2$ と表されれば，
$\sqrt{49 - 3n} = \sqrt{k^2} = k$ より，整数となる。

$k = 0$ のとき，$49 - 3n = 0$ より，$n = \dfrac{49}{3}$

$k = 1$ のとき，$49 - 3n = 1$ より，$n = 16$

$k = 2$ のとき，$49 - 3n = 4$ より，$n = 15$

$k = 3$ のとき，$49 - 3n = 9$ より，$n = \dfrac{40}{3}$

$k = 4$ のとき，$49 - 3n = 16$ より，$n = 11$

$k = 5$ のとき，$49 - 3n = 25$ より，$n = 8$

$k = 6$ のとき，$49 - 3n = 36$ より，$n = \dfrac{13}{3}$

$k = 7$ 以上のときは，n が自然数にならない。よって，$n = 8$，11，15，16

8 $\sqrt{3^2} < \sqrt{10} < \sqrt{4^2}$ より，$3 < \sqrt{10} < 4$．
$2 < \sqrt{10} - 1 < 3$ なので，$a = 2$，
$b = (\sqrt{10} - 1) - 2 = \sqrt{10} - 3$

(1) $(a - b)^2 = (5 - \sqrt{10})^2 = 35 - 10\sqrt{10}$

(2) $(3a + b)b = (6 + b)b = (\sqrt{10} + 3)(\sqrt{10} - 3) = 1$

9 (3) $\sqrt{\dfrac{75}{100}} = \dfrac{5\sqrt{3}}{10} = \dfrac{\sqrt{3}}{2} = 1.732 \div 2 = 0.866$

10 小数第 2 位を四捨五入するので，誤差の絶対値は 0.05 秒以下であり，$14.05 \leqq a < 14.15$

11 信頼できる数字は 1，4，4 であり，千の位の 3 を四捨五入するので，1.44×10^6 トンとなる。

8 2次方程式①

トライ　➡本冊 p.22

1　2

2　(1) $x=2,\ -7$　(2) $x=0,\ -6$　(3) $x=3,\ 5$

　　(4) $x=-2,\ 6$　(5) $x=2,\ 7$　(6) $x=-6$

　　(7) $x=-4,\ 12$　(8) $x=-1,\ 4$

　　(9) $x=4,\ -5$　(10) $x=2,\ -6$

　　(11) $x=7,\ -7$　(12) $x=-8$

3　(1) $x=\pm\sqrt{6}$　(2) $x=1\pm\sqrt{5}$

4　(1) $x=-2\pm\sqrt{6}$　(2) $x=\dfrac{7\pm\sqrt{33}}{2}$

解説

1　$x=0,\ 1,\ 2$ を代入して，方程式が成り立つかどうかを確かめる。

2　（1 次式)×(1 次式)$=0$ の形をつくる。

(3) $(x-3)(x-5)=0$ より，$x-3=0$ または $x-5=0$

(4) $(x+2)(x-6)=0$ より，$x+2=0$ または $x-6=0$

(6) $(x+6)^2=0$ より，$x+6=0$

(11) $(x+7)(x-7)=0$ より，$x+7=0$ または $x-7=0$

3　$x^2=k\ (k\geqq0)$ のとき，$x=\pm\sqrt{k}$ となる。

(2) $x-1=\pm\sqrt{5}$ より，$x=1\pm\sqrt{5}$

4　$(x+m)^2=k$ の形をつくる。

(2) $x^2-7x=-4$ より，$x^2-7x+\left(\dfrac{7}{2}\right)^2=-4+\left(\dfrac{7}{2}\right)^2$

　とすると，$\left(x-\dfrac{7}{2}\right)^2=\dfrac{33}{4}$ となるから，

　$x=\dfrac{7}{2}\pm\sqrt{\dfrac{33}{4}}=\dfrac{7\pm\sqrt{33}}{2}$

> くわしく！　$(x+m)^2=k$ の形に変形して解く
>
> ……………………………………　チャート式参考書 ≫p.70

チャレンジ　➡本冊 p.23

　$-1,\ 3$

解説

　☐ にあてはまる数を x とおくと，

$(x-4)x=3-2x$ より，$x^2-2x-3=0$

これを解くと，$(x+1)(x-3)=0$　　$x=-1,\ 3$

9 2次方程式②

トライ　➡本冊 p.24

1　(1) $x=\dfrac{-1\pm\sqrt{21}}{2}$　(2) $x=\dfrac{9\pm\sqrt{53}}{2}$

　　(3) $x=\dfrac{5\pm\sqrt{13}}{6}$　(4) $x=\dfrac{-9\pm\sqrt{41}}{10}$

2　(1) $x=2\pm\sqrt{2}$　(2) $x=\dfrac{-3\pm\sqrt{3}}{2}$

　　(3) $x=\dfrac{4\pm\sqrt{10}}{3}$　(4) $x=\dfrac{-5\pm4\sqrt{2}}{7}$

3　(1) $x=\pm\sqrt{3}$　(2) $x=\dfrac{3\pm\sqrt{5}}{2}$

　　(3) $x=7,\ -8$　(4) $x=\dfrac{-5\pm\sqrt{17}}{2}$

4　(1) $a=-6,\ x=3$　(2) $a=2,\ x=5$

解説

1　2 次方程式 $ax^2+bx+c=0$ の解の公式を利用する。

(3) $x=\dfrac{-(-5)\pm\sqrt{(-5)^2-4\times3\times1}}{2\times3}=\dfrac{5\pm\sqrt{13}}{6}$

(4) $x=\dfrac{-9\pm\sqrt{9^2-4\times5\times2}}{2\times5}=\dfrac{-9\pm\sqrt{41}}{10}$

2　2 次方程式 $ax^2+2b'x+c=0$ の解の公式を利用する。

(3) 両辺を 3 倍すると，$3x^2-8x+2=0$

　$x=\dfrac{-(-4)\pm\sqrt{(-4)^2-3\times2}}{3}=\dfrac{4\pm\sqrt{10}}{3}$

(4) 両辺を 10 倍すると，$7x^2+10x-1=0$

　$x=\dfrac{-5\pm\sqrt{5^2-7\times(-1)}}{7}=\dfrac{-5\pm4\sqrt{2}}{7}$

3　$ax^2+bx+c=0$ の形に整理する。

(3) $x^2-36=20-x$ より，$x^2+x-56=0$

　これを解くと，$(x-7)(x+8)=0$　　$x=7,\ -8$

(4) $x^2-5x+4=2x^2+6$ より，$x^2+5x+2=0$

　これを解くと，$x=\dfrac{-5\pm\sqrt{17}}{2}$

> くわしく！　複雑な 2 次方程式……………　チャート式参考書 ≫p.73

4　わかっている解を方程式に代入して考える。

(1) $x=-2$ を代入すると，$6+a=0$ より，$a=-6$

　よって，方程式は $x^2-x-6=0$ となるから，

　$(x+2)(x-3)=0$ より，もう 1 つの解は $x=3$

チャレンジ　➡本冊 p.25

　$a=-3,\ b=-2$

解説

$x=-2$, 1 をそれぞれ代入すると,
$2a-b=-4$, $a-2b=1$ より, $a=-3$, $b=-2$

⑩ 2次方程式の利用①

トライ ➡本冊 p.26

1 $x=6$

2 8, 9

3 $x=3$

4 4秒後, 8秒後

解説

1 $x^2=12x-36$ より, $x^2-12x+36=0$
これを解くと, $(x-6)^2=0$ $x=6$

2 連続する2つの自然数を x, $x+1$ とすると,
$x^2+(x+1)^2=145$ すなわち, $x^2+x-72=0$
これを解くと, $x=8$, -9 となるが, x が自然数なので, 適する値は $x=8$ である。
別解 2つの自然数を $x-1$, x としてもよい。この場合, $(x-1)^2+x^2=145$ すなわち,
$x^2-x-72=0$ これを解くと, $x=-8$, 9
x が自然数なので, 適する値は $x=9$ である。

3 $2x+5=(x^2-5)+7$ より, $x^2-2x-3=0$
これを解くと, $x=-1$, 3 となるが, x が自然数なので, 適する値は $x=3$ である。

4 点P, Q が出発してから x 秒後において,
$BQ=(12-x)$ cm, $CP=x$ cm なので,
$\triangle PBQ=\dfrac{1}{2}(12-x)x=16$ より,
$x^2-12x+32=0$
これを解くと, $x=4$, 8 となる。
これらは, 問題に適している。

くわしく! 2次方程式の利用(点の移動)… チャート式参考書 ≫p.79

チャレンジ ➡本冊 p.27

$x=3$

解説

x の真下の数は $x+7$, 左どなりの数は $x-1$ と表される。
$(x+7)(x-1)+15=16x-13$ より,
$x^2-10x+21=0$
これを解くと, $x=3$, 7 となるが, 7 の左どなりには数がないので, 適する値は $x=3$ である。

⑪ 2次方程式の利用②

トライ ➡本冊 p.28

1 4 cm

2 3 cm, 11 cm

3 2秒後, 5秒後

4 (1) $y=-2x+10$ (2) $(2, 6)$, $(3, 4)$

解説

1 もとの長方形の縦の長さを x cm とすると, 新しくつくった長方形の縦の長さは $(x+2)$ cm, 横の長さは $(2x+4)$ cm と表される。
$(x+2)(2x+4)=72$ より, $x^2+4x-32=0$
これを解くと, $x=4$, -8 となるが, x は正の数なので, 適する値は $x=4$ である。

2 一方の正方形の1辺の長さを x cm とすると, もう一方の正方形の1辺の長さは, $\dfrac{56-4x}{4}$ cm, すなわち $(14-x)$ cm と表される。
$x^2+(14-x)^2=130$ より, $x^2-14x+33=0$
これを解くと, $x=3$, 11 となる。
これらは, 問題に適している。

3 $35x-5x^2=50$ より, $x^2-7x+10=0$
これを解くと, $x=2$, 5 となる。
これらは, 問題に適している。

4 (2) 点Pの x 座標を p とすると, y 座標は
$-2p+10$ と表される。
$p(-2p+10)=12$ より, $p^2-5p+6=0$
これを解くと, $p=2$, 3 となる。
これらは, 問題に適している。
$p=2$ のとき, 点Pの y 座標は $-2\times2+10=6$
$p=3$ のとき, 点Pの y 座標は $-2\times3+10=4$

くわしく! 2次方程式の利用(座標)……… チャート式参考書 ≫p.82

チャレンジ ➡本冊 p.29

(1) $a:b=x:(2x-24)$, $a:b=(2x-15):x$
(2) $x=20$

解説

(1) Aさんが x km 進んだとき, Bさんは
$(2x-24)$ km 進んだので, $a:b=x:(2x-24)$
また, Bさんが x km 進んだとき, Aさんは
$(2x-15)$ km 進んだので, $a:b=(2x-15):x$
(2) $x:(2x-24)=(2x-15):x$ より,
$(2x-24)(2x-15)=x^2$ $x^2-26x+120=0$
これを解くと, $x=6$, 20 となるが, $2x-24$,
$2x-15$ はともに正の数なので, 適する値は $x=20$

である。

確認問題③　→本冊 p.30

❶ ②, ③

❷ (1) $x=-2, \dfrac{1}{2}$　(2) $x=0, \dfrac{3}{2}$　(3) $x=2, 3$

　　(4) $x=5$

❸ (1) $x=\pm\dfrac{\sqrt{7}}{2}$　(2) $x=\dfrac{2\pm3\sqrt{2}}{3}$

　　(3) $x=\dfrac{-3\pm\sqrt{17}}{4}$　(4) $x=\dfrac{-3\pm\sqrt{2}}{2}$

　　(5) $x=-5, 3$　(6) $x=-1, 3$

❹ $a=2, b=-2\sqrt{7}$

❺ 2, 6

❻ $(2-\sqrt{2})$ 秒後, $(2+\sqrt{2})$ 秒後

❼ 縦の長さ 10 cm, 横の長さ 15 cm

❽ 2 時間

解説

❶ $x=1$ を代入して式が成り立つものを選べばよい。

❷ (3) $(x-2)(x-3)=0$ より, $x-2=0$ または
　$x-3=0$
　(4) $(x-5)^2=0$ より, $x-5=0$

❸ (2) $3x-2=\pm3\sqrt{2}$ より, $x=\dfrac{2\pm3\sqrt{2}}{3}$

　(3) $x=\dfrac{-3\pm\sqrt{3^2-4\times2\times(-1)}}{2\times2}=\dfrac{-3\pm\sqrt{17}}{4}$

　(6) $x^2-4x+3=6-2x$ より, $x^2-2x-3=0$
　これを解くと, $x=-1, 3$

❹ $x=3-\sqrt{7}$ を 2 次方程式に代入すると,
　$(3-\sqrt{7})^2-6\times(3-\sqrt{7})+a=0$ より, $a=2$
　よって, 2 次方程式は $x^2-6x+2=0$ となるから,
　$x=3\pm\sqrt{7}$ より, もう 1 つの解は $x=3+\sqrt{7}$
　これを 1 次方程式に代入すると,
　$2\times(3+\sqrt{7})-6+b=0$ より, $b=-2\sqrt{7}$

❺ $(x-3)^2=2x-3$ より, $x^2-8x+12=0$
　これを解くと, $(x-2)(x-6)=0$　　$x=2, 6$

❻ 点 P, Q が出発してから x 秒後において,
　$OP=x$ cm, $QH=(4-x)$ cm なので,
　$\triangle OPQ=\dfrac{1}{2}x(4-x)=1$ より, $x^2-4x+2=0$
　これを解くと, $x=2\pm\sqrt{2}$ となる。
　これらは, 問題に適している。

❼ 長方形の紙の縦の長さを x cm とすると,
　長方形の横の長さは $(x+5)$ cm,

組み立ててできる直方体の縦の長さは $(x-4)$ cm,
直方体の横の長さは $(x+1)$ cm と表される。
直方体の高さは 2 cm なので,
$2(x-4)(x+1)=132$ より, $x^2-3x-70=0$
これを解くと, $x=-7, 10$ となるが,
$x-4, x+1$ はともに正の数なので, 適する値は
$x=10$ である。

❽ 出発後, 一郎さんと次郎さんがすれちがうまでの時
間を x 時間とすると, 次郎さんが進んだ道のりは
$8x$ km と表される。この道のりを一郎さんは 4 時
間で進むので, 一郎さんの速さは, $8x\div4=2x$ より,
時速 $2x$ km と表される。
$2x\times x+8x=24$ より, $x^2+4x-12=0$
これを解くと, $x=2, -6$ となるが, x は正の数な
ので, 適する値は $x=2$ である。

第 4 章　関数 $y=ax^2$

⓬ 関数 $y=ax^2$ とそのグラフ①

トライ　→本冊 p.32

❶ $y=-2x^2$

❷ 解説参照

❸ (1) $a=\dfrac{1}{3}$　(2) 解説参照　(3) $x=3, -3$

❹ (1) $0\leqq y\leqq 4$　(2) $-8\leqq y\leqq -2$

解説

❶ 比例定数を a とすると, $y=ax^2$ と表される。
　$-18=a\times3^2=9a$ より, $a=-2$

❷ グラフは下のようになる。

(1) 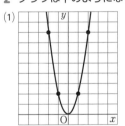　(2)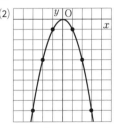

❸ (1) $12=a\times6^2=36a$ より, $a=\dfrac{1}{3}$

(2) グラフは下のようになる。

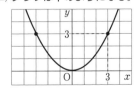

(3) $3=\dfrac{1}{3}x^2$ より, $x^2=9$　　$x=\pm3$

4 グラフは下のようになる。

(1)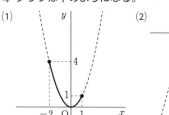

(2)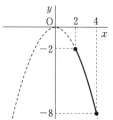

> くわしく！ 関数 $y=ax^2$ ($p \leqq x \leqq q$) の変域
> .... チャート式参考書 ≫p.93

チャレンジ ➡本冊 p.33

③

解説

a が正の値なので，グラフは上に開く。また，$x=-1$ のとき y の値は a であり，$a>1$ なので，グラフは点 A$(-1, 1)$ よりも上側にある。これらをともに満たすのは ③ である。

⓭ 関数 $y=ax^2$ とそのグラフ②

トライ ➡本冊 p.35

1 $a=2$, $b=0$

2 (1) 4 (2) -8 (3) 2

3 (1) $a=-\dfrac{3}{5}$ (2) $a=\dfrac{1}{2}$

解説

1 y の変域に正の値がふくまれているので，$a>0$
$x=-3$ のとき $y=9a$, $x=2$ のとき $y=4a$ より，
グラフは右のようになり，
y の変域は $0 \leqq y \leqq 9a$ と
表される。
これが $b \leqq y \leqq 18$ なので，
$a=2$, $b=0$

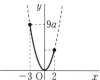

2 (変化の割合)$=\dfrac{(y \text{の増加量})}{(x \text{の増加量})}$ にあてはめて計算する。

(3) $x=-\dfrac{3}{2}$ のとき，$y=2 \times \left(-\dfrac{3}{2}\right)^2 = \dfrac{9}{2}$

$x=\dfrac{5}{2}$ のとき $y=2 \times \left(\dfrac{5}{2}\right)^2 = \dfrac{25}{2}$ より，

$\left(\dfrac{25}{2}-\dfrac{9}{2}\right) \div \left\{\dfrac{5}{2}-\left(-\dfrac{3}{2}\right)\right\}=2$

3 x, y の増加量を文字を使って表して計算する。

(2) $x=a$ のとき $y=-3a^2$,
$x=a+4$ のとき
$y=-3(a+4)^2=-3a^2-24a-48$ より，

$\dfrac{(-3a^2-24a-48)-(-3a^2)}{(a+4)-a}=-15$

$-6a-12=-15 \qquad a=\dfrac{1}{2}$

チャレンジ ➡本冊 p.35

$a=-\dfrac{4}{3}$, $b=\dfrac{8}{3}$

解説

関数 $y=x^2$ について，
$x=-1$ のとき $y=1$, $x=2$ のとき $y=4$
x の変域に 0 がふくまれているので，y の変域は
$0 \leqq y \leqq 4$ である。
関数 $y=ax+b$ について，
$x=-1$ のとき $y=-a+b$, $x=2$ のとき $y=2a+b$
$a<0$ より，y の変域は $2a+b \leqq y \leqq -a+b$ である。

よって，$\begin{cases} 2a+b=0 \\ -a+b=4 \end{cases}$ より，$a=-\dfrac{4}{3}$, $b=\dfrac{8}{3}$

> くわしく！ 関数の変域から定数の値を求める
> .... チャート式参考書 ≫p.94

⓮ 関数の利用①

トライ ➡本冊 p.36

1 (1) 20 m (2)① 秒速 5 m ② 秒速 40 m

2 8 秒後

3 (1) $y=\dfrac{1}{9}x^2$ (2) 4 m (3) 秒速 $\dfrac{3\sqrt{30}}{10}$ m

解説

1 (平均の速さ)$=\dfrac{(\text{移動距離})}{(\text{かかった時間})}$ を利用する。

(2)② $x=3$ のとき $y=45$, $x=5$ のとき $y=125$ より，

$\dfrac{125-45}{5-3}=40$ で，秒速 40 m となる。

2 x 秒間で走る距離を y m とすると，ラジコンカー
A の場合は $y=2x$，ラジコンカーB の場合は

$y=\dfrac{1}{4}x^2$ と表される。

2 つのラジコンカーの走った距離が等しくなるとき，

$2x=\dfrac{1}{4}x^2$ より，$x^2-8x=0$

これを解くと，$x=0$, 8 となるが，$x=0$ はスタートした際なので，ラジコンカーB がラジコンカーA に追いつくのは $x=8$，すなわち 8 秒後となる。

3 (3) $0.3=\dfrac{1}{9}x^2$ より，$x^2=\dfrac{27}{10}$

$x>0$ より, $x=\sqrt{\dfrac{27}{10}}=\dfrac{3\sqrt{3}}{\sqrt{10}}=\dfrac{3\sqrt{30}}{10}$

チャレンジ ➡本冊 p.37

(1) $y=6x^2$ (2) $y=36x$

解説

(1) $0\leqq x\leqq 6$ では, x 秒後の BP, BQ の長さは,
BP$=4x$ cm, BQ$=3x$ cm より, △PBQ の面積
は, $y=\dfrac{1}{2}\times 4x\times 3x=6x^2$

(2) $6\leqq x\leqq 9$ では, 点Qは既に点Cに到達して停止して
いるため, x 秒後の BP, BQ の長さは,
BP$=4x$ cm, BQ$=18$ cm より, △PBQ の面積
は, $y=\dfrac{1}{2}\times 4x\times 18=36x$

くわしく! 図形の面積 ･･････････ チャート式参考書 »p.103

15 関数の利用②

トライ ➡本冊 p.38

1 (1) 8 (2) $a=2$

2 (1) $b=9$ (2) $y=-x+6$ (3) 15

3 解説参照

解説

1 放物線と直線の交点の座標は, それぞれの式をとも
に満たす.

(2) $8=a\times 2^2=4a$ より, $a=2$

2 (2) 直線 BC の傾きは, $\dfrac{4-9}{2-(-3)}=-1$ より, 直線
BC の式は $y=-x+n$ と表される。これが点
C(2, 4) を通るので, $4=-2+n$ $n=6$

(3) y 軸と直線 BC の交点をDとすると, OD$=6$ であ
り, △OBC$=$△BOD$+$△COD であるから, 面
積は,
$\dfrac{1}{2}\times 6\times 3+\dfrac{1}{2}\times 6\times 2=15$

3 x と y の対応, およびグラフは次のようになる。

$y=180$ $(0<x\leqq 5)$
$y=210$ $(5<x\leqq 10)$
$y=240$ $(10<x\leqq 15)$
$y=280$ $(15<x\leqq 20)$
$y=330$ $(20<x\leqq 25)$

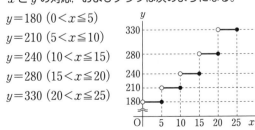

チャレンジ ➡本冊 p.39

$\left(3, \dfrac{9}{2}\right)$

解説

点Aの y 座標は, $y=\dfrac{1}{2}\times(-4)^2=8$

2 点 A, B を通る直線の傾きは, $\dfrac{2-8}{2-(-4)}=-1$ よ
り, この直線の式は $y=-x+b$ と表される。これが点
B(2, 2) を通るので, $2=-2+b$ $b=4$
よって, 点Cの y 座標は 4 である。

四角形 ODBC の面積は, $\dfrac{1}{2}\times(2+4)\times 2=6$

関数 $y=\dfrac{1}{2}x^2$ のグラフ上にある点Eの座標を (m, n)
とすると, △OEC$=6$ より,
$\dfrac{1}{2}\times 4\times m=6$ $m=3$, $n=\dfrac{1}{2}m^2=\dfrac{9}{2}$

くわしく! 放物線と直線でできる三角形の面積
･･･････････････ チャート式参考書 »p.107

確認問題④ ➡本冊 p.40

1 ③

2 (1) 最大値は 18 $(x=-3)$,
　　最小値は 0 $(x=0)$
(2) 最大値は -3 $(x=1)$,
　　最小値は $-\dfrac{25}{3}$ $\left(x=\dfrac{5}{3}\right)$

3 $a=-\dfrac{1}{2}$, $b=0$

4 $a=3$, -1

5 (1) $y=\dfrac{1}{20}x^2$ (2) 5 m

6 (1) 解説参照 (2) $\sqrt{6}$ 秒後

7 (1) $y=\dfrac{2}{3}x+\dfrac{8}{3}$ (2) 8

8 解説参照

解説

1 ① $y=5x$ ② $y=\dfrac{20}{x}$ ③ $y=\pi x^2$ ④ $y=2x+6$

❷ グラフは下のようになる。

(1)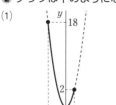
(2)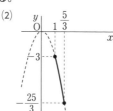

❸ y の変域に負の値がふくまれているので、$a<0$

$x=-\dfrac{1}{2}$ のとき $y=a\times\left(-\dfrac{1}{2}\right)^2=\dfrac{1}{4}a$

$x=2$ のとき
$y=a\times 2^2=4a$ より、グラフは右のようになり、y の変域は $4a\leqq y\leqq 0$ と表される。
これが $-2\leqq y\leqq b$ なので、

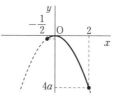

$a=-\dfrac{1}{2}$, $b=0$

❹ $x=a$ のとき $y=a^3$,
$x=a+2$ のとき $y=a(a+2)^2=a^3+4a^2+4a$ より、$\dfrac{(a^3+4a^2+4a)-a^3}{(a+2)-a}=6a+6$

整理すると、$a^2-2a-3=0$ $a=3$, -1

❺ (1) 比例定数を a とすると、$y=ax^2$ と表される。
$20=a\times 20^2=400a$ より、$a=\dfrac{1}{20}$

(2) $x=10$ のとき $y=\dfrac{1}{20}\times 10^2=5$ より、5 m となる。

❻ (1) $0\leqq x\leqq 6$ のとき
$y=\dfrac{1}{2}\times x\times x=\dfrac{1}{2}x^2$

$6\leqq x\leqq 12$ のとき
$y=\dfrac{1}{2}\times(12-x)\times 6$
$=-3x+36$
グラフは右のようになる。

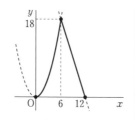

(2) グラフより、はじめて面積が $3\ \mathrm{cm}^2$ になるのは、
$0\leqq x\leqq 6$ のときで、$\dfrac{1}{2}x^2=3$ $x=\pm\sqrt{6}$
$0\leqq x\leqq 6$ を満たすのは $x=\sqrt{6}$ より、$\sqrt{6}$ 秒後。

❼ (1) 点 A の y 座標は $y=\dfrac{1}{3}\times(-2)^2=\dfrac{4}{3}$

点 B の y 座標は $y=\dfrac{1}{3}\times 4^2=\dfrac{16}{3}$

2 点 A, B を通る直線の傾きは、
$\left(\dfrac{16}{3}-\dfrac{4}{3}\right)\div\{4-(-2)\}=\dfrac{2}{3}$

より、この直線の式は $y=\dfrac{2}{3}x+b$ と表される。

これが点 A$\left(-2,\ \dfrac{4}{3}\right)$ を通るので、

$\dfrac{4}{3}=\dfrac{2}{3}\times(-2)+b$ $b=\dfrac{8}{3}$ より、$y=\dfrac{2}{3}x+\dfrac{8}{3}$

(2) y 軸と直線の交点を C とすると、$OC=\dfrac{8}{3}$ であり、$\triangle OAB=\triangle OAC+\triangle OBC$ であるから、面積は、
$\dfrac{1}{2}\times\dfrac{8}{3}\times 2+\dfrac{1}{2}\times\dfrac{8}{3}\times 4=8$

❽ x と y の対応、およびグラフは次のようになる。

$y=500\ (0<x\leqq 2)$

$y=570\left(2<x\leqq\dfrac{9}{4}\right)$

$y=640\left(\dfrac{9}{4}<x\leqq\dfrac{5}{2}\right)$

$y=710\left(\dfrac{5}{2}<x\leqq\dfrac{11}{4}\right)$

$y=780\left(\dfrac{11}{4}<x\leqq 3\right)$

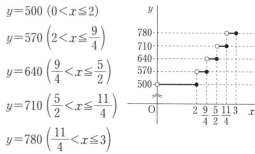

第5章　相似

16 相似な図形①

トライ　➡本冊 p.43

1 (1) **5 : 4**　(2) **120°**

2 (1) △ABC∽△ADB,
2 組の角がそれぞれ等しい
(2) △PQR∽△PST,
2 組の辺の比とその間の角がそれぞれ等しい

3 解説参照

解説

1 (1) 対応する線分の長さの比は等しいから、
BC : FG＝10 : 8＝5 : 4
(2) 対応する角の大きさは等しいから、
∠H＝∠D＝360°−(90°＋90°＋60°)＝120°

2 (1) △ABC と △ADB において、
∠BAC＝∠DAB (共通), ∠ACB＝∠ABD
(2) △PQR と △PST において、
∠QPR＝∠SPT (共通), PQ : PS＝6 : 4＝3 : 2,
PR : PT＝3 : 2

くわしく!　三角形の相似条件…………チャート式参考書 >>p.117

3 △ABP と △PCB において、
∠BAP＝∠CPB＝90°
AD∥BC より錯角が等しいから、
∠BPA＝∠CBP

よって，2組の角がそれぞれ等しいから，
△ABP∽△PCB

チャレンジ ➡本冊 p.43

△ABC∽△DAC，
2組の辺の比とその間の角がそれぞれ等しい

解説

△ABC と △DAC において，
∠BCA＝∠ACD（共通），BC：AC＝12：6＝2：1，
CA：CD＝6：3＝2：1

17 相似な図形②

トライ ➡本冊 p.45

1 解説参照

2 9 cm

3 2 cm

解説

1 △ABE と △DEA において，AD∥BC より錯角
が等しいから，
∠BEA＝∠EAD，∠DEC＝∠EDA
仮定より ∠BAE＝∠DEC であるから，
∠BAE＝∠EDA
よって，2組の角がそれぞれ等しいから，
△ABE∽△DEA

2 △ABC と △AMD において，
∠ACB＝∠ADM＝90°，∠BAC＝∠MAD（共
通）より，△ABC∽△AMD
対応する辺の比が等しいから，
AB：AM＝AC：AD
AB：3＝6：2   AB＝9 cm

くわしく! 相似と線分の長さ，角 ……… チャート式参考書 ≫p.120

3 △ABC と △AED において，
∠BAC＝∠EAD（共通）
仮定より ∠ABC＝∠AED であるから，
△ABC∽△AED
対応する辺の比が等しいから，
AB：AE＝AC：AD   8：4＝AC：3
AC＝6 cm   EC＝6－4＝2（cm）

チャレンジ ➡本冊 p.45

解説参照

解説

まず，△EAG と △EBH において，
∠AEG＝∠BEH（共通）
AD∥BC より同位角が等しいから，∠EAG＝∠EBH
よって，2組の角がそれぞれ等しいから，
△EAG∽△EBH
対応する辺の比が等しいから，
EA：EB＝AG：BH＝1：2
次に，△FBH と △FDG において，FB＝FD
対頂角が等しいから，∠BFH＝∠DFG
AD∥BC より錯角が等しいから，∠FBH＝∠FDG
よって，1組の辺とその両端の角がそれぞれ等しいか
ら，△FBH≡△FDG
対応する辺の長さが等しいから，BH＝DG
したがって，AG：GD＝1：2

くわしく! 合同と相似を利用した証明 …… チャート式参考書 ≫p.121

18 相似な図形の面積比，体積比

トライ ➡本冊 p.46

1 (1) 10 cm² (2) 10 cm²

2 (1) 9：4 (2) 24 cm²

3 (1) 720 cm² (2) 30 cm³

4 (1) 2S cm² (2) 4S cm² (3) 9S cm²

解説

1 高さが等しい2つの三角形の面積比は，底辺の比に
等しい。
(1) BD：DC＝2：1 より，
△ADC＝30×$\frac{1}{3}$＝10（cm²）

(2) △ABD＝30－10＝20（cm²），　AE：ED＝1：1
より，△ABE＝20×$\frac{1}{2}$＝10（cm²）

2 相似比が m：n のとき，面積比は m²：n² となる。
(1) △ABC：△DEF＝3²：2²＝9：4

(2) △DEF＝54×$\frac{4}{9}$＝24（cm²）

3 相似比が m：n のとき，表面積の比は m²：n²，体
積比は m³：n³ となる。
(1) 80：S＝1²：3²＝1：9　　S＝80×9＝720（cm²）

(2) V：810＝1³：3³＝1：27
V＝810×$\frac{1}{27}$＝30（cm³）

4 △OAD と △OCB において，AD∥BC より，
∠OAD＝∠OCB，∠ODA＝∠OBC であるから，
△OAD∽△OCB である。

(1) $\triangle OAB : \triangle OAD = OB : OD = BC : AD = 2 : 1$
より，$\triangle OAB = 2 \triangle OAD = 2S$ (cm²)

(2) $\triangle OAD : \triangle OBC = 1^2 : 2^2 = 1 : 4$ より，
$\triangle OBC = 4 \triangle OAD = 4S$ (cm²)

(3) $\triangle OCD : \triangle OAD = OC : OA = BC : AD = 2 : 1$
より，$\triangle OCD = 2 \triangle OAD = 2S$ (cm²)
よって，$S + 2S + 2S + 4S = 9S$ (cm²)

チャレンジ ➡本冊 p.47

$10\sqrt{2}$ cm

解説

$\triangle APQ$ と $\triangle ABC$ において，$PQ // BC$ より，
$\angle APQ = \angle ABC$，$\angle AQP = \angle ACB$ であるから，
$\triangle APQ \infty \triangle ABC$ である。
$\triangle APQ : \triangle ABC = 1 : 2$ より，相似比は $1 : \sqrt{2}$
よって，$AP = 20 \times \dfrac{1}{\sqrt{2}} = 10\sqrt{2}$ (cm)

くわしく！ 相似な図形の面積比 ………… チャート式参考書 ≫p.126

19 平行線と線分の比①

トライ ➡本冊 p.48

1 (1) $x = 4$，$y = 8$　(2) $x = 15$，$y = 6$
　(3) $x = 9$，$y = 12$

2 $\dfrac{15}{4}$ cm

3 (1) $40°$　(2) 3 cm

4 9 cm

解説

1 $DE // BC$ より，
$AD : AB = AE : AC = DE : BC$ となる。

(2) $x : (x+9) = 20 : 32 = 5 : 8$ より，
$8x = 5(x+9)$　$x = 15$
$10 : y = 20 : (32-20) = 5 : 3$ より，$y = 6$

(3) $x : (21-x) = 12 : 16 = 3 : 4$ より，
$4x = 3(21-x)$　$x = 9$
$y = 21-x$ より，$y = 12$

2 $AB // CD$ より，$BE : EC = AB : CD = 3 : 5$
$EF // BD$ より，
$EF : BD = EC : BC = 5 : (5+3) = 5 : 8$
よって，$EF = 6 \times \dfrac{5}{8} = \dfrac{15}{4}$ (cm)

3 中点連結定理より，$MN // BC$，$MN = \dfrac{1}{2}BC$ となる。

(2) $MN = \dfrac{1}{2} \times 6 = 3$ (cm)

4 点 E，F はそれぞれ線分 CD，CB の中点であるから，中点連結定理より $EF // DB$，
$BD = 2EF = 12$ (cm)
$DG // EF$ より，$DG : EF = AD : AE = 1 : 2$
$DG = \dfrac{1}{2}EF = 3$ (cm)
よって，$BG = BD - DG = 12 - 3 = 9$ (cm)

くわしく！ 中点連結定理の利用 ………… チャート式参考書 ≫p.136

チャレンジ ➡本冊 p.49

10 cm

解説

PD と EC の交点をRとする。
$AB // EC$ より，$CR : BP = DC : DB$
$CR : (15-3) = 15 : (15+15) = 1 : 2$　　$CR = 6$ cm
$AP // RC$ より，
$AQ : QC = AP : CR = 3 : 6 = 1 : 2$
よって，$QC = 15 \times \dfrac{2}{3} = 10$ (cm)

20 平行線と線分の比②

トライ ➡本冊 p.50

1 (1) $x = 6$，$y = \dfrac{23}{3}$　(2) $x = 9$，$y = 4$

2 $x = \dfrac{21}{5}$，$y = \dfrac{20}{7}$

3 (1) $3 : 2$　(2) 12 cm

4 (1) $3 : 2$　(2) $\dfrac{256}{5}$ cm²

解説

1 3直線 ℓ，m，n が平行であることを利用する。

(1) 右の図のように補助線をひく。
$4 : 2 = x : 3$ より，$x = 6$
$a : 3 = 2 : (2+4)$ より，
$a = 1$
$b : 10 = 6 : (6+3)$ より，
$b = \dfrac{20}{3}$　　$y = a + b = \dfrac{23}{3}$

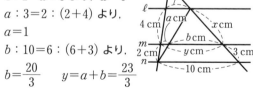

(2) $x : (x+6) = 9 : 15 = 3 : 5$ より，
$5x = 3(x+6)$　　$x = 9$
$9 : y = 9 : 4$ より，$y = 4$

くわしく！ 平行線と線分の長さ ………… チャート式参考書 ≫p.138

2 4直線 a, b, c, d が平行であることを利用する。

$(8-3):3=7:x$ より, $5x=21$　　$x=\dfrac{21}{5}$

$3:y=\dfrac{21}{5}:4$ より, $\dfrac{21}{5}y=12$　　$y=\dfrac{20}{7}$

3 (1) AD∥BC より, AF:FE=AD:BE=3:2

(2) DF:FB=AF:FE=3:2 より,

　　DF$=20\times\dfrac{3}{5}=12$ (cm)

4 (1) AB∥CD より, BE:EC=AB:CD=3:2

(2) EF∥CD より,

　　EF:CD=BE:BC=BF:BD=3:5

　　EF$=8\times\dfrac{3}{5}=\dfrac{24}{5}$ (cm)　　FD$=20\times\dfrac{2}{5}=8$ (cm)

　　よって, 台形 EFDC の面積は,

　　$\dfrac{1}{2}\times\left(\dfrac{24}{5}+8\right)\times8=\dfrac{256}{5}$ (cm²)

くわしく！　線分の比と面積 ……………… チャート式参考書 ≫p.141

▶**チャレンジ** ➡本冊 p.51

2:1:3

解説

点 D, E はそれぞれ辺 AB, BC の中点であるから,
中点連結定理より,
DE∥AC, DE:AC=1:2
DE∥AC より,
DE:FG=DH:HG=3:1
条件より, AF:FC=1:2
よって, 比を整理すると右
の図のようになる。 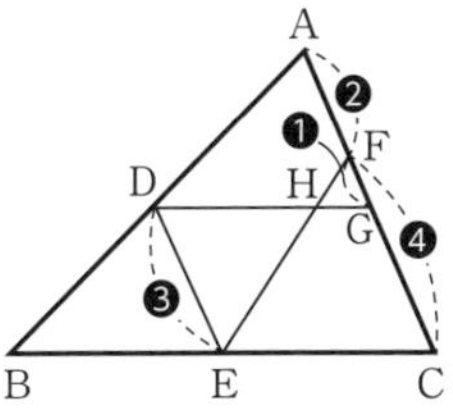
したがって, AF:FG:GC=2:1:3

㉑ 平行線と線分の比③ / 相似の利用

▶**トライ** ➡本冊 p.52

1 (1) $x=6$　(2) $x=12$

2 $x=\dfrac{27}{4}$, $y=\dfrac{45}{4}$

3 $x=5$

4 約 135 m

解説

1 線分 AD が ∠BAC の二等分線であるから,
　　AB:AC=BD:CD が成り立つ。

(2) $x:(22-x)=24:20=6:5$ より,
　　$5x=6(22-x)$　　$x=12$

2 線分 CD が ∠ACB の二等分線であるから,

CA:CB=AD:BD が成り立つ。

$9:15=x:(18-x)$ より,

$15x=9(18-x)$　　$x=\dfrac{27}{4}$

$y=18-x$ より, $y=18-\dfrac{27}{4}=\dfrac{45}{4}$

くわしく！　角の二等分線と線分の長さ ….. チャート式参考書 ≫p.143

3 $1:1.2=x:6$ より, $1.2x=6$　　$x=5$

4 右の図のように,
P′Q′$=2$ cm となるよう
に縮図をかくと, A′B′
は約 2.7 cm となる。

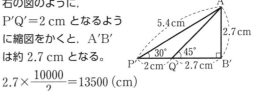

$2.7\times\dfrac{10000}{2}=13500$ (cm)

よって, テレビ塔の高さ AB は約 135 m である。

くわしく！　縮図の利用 …………………… チャート式参考書 ≫p.146

▶**チャレンジ** ➡本冊 p.53

11:7

解説

線分 AD が ∠A の二等分線であるから,

BD:CD=AB:AC=5:6

BD$=7\times\dfrac{5}{11}=\dfrac{35}{11}$ (cm)

線分 BE が ∠B の二等分線であるから,

AI:ID=BA:BD=5:$\dfrac{35}{11}$=11:7

確認問題⑤ ➡本冊 p.54

① △ABC∽△ONM
　条件：3 組の辺の比がすべて等しい
　△DEF∽△HGI
　条件：2 組の角がそれぞれ等しい
　△JKL∽△QRP
　条件：2 組の辺の比とその間の角がそれぞれ
　　　　等しい

② 解説参照

③ $\dfrac{8}{27}$ 倍

④ 解説参照

⑤ 6 cm

⑥ $\dfrac{10}{3}$ cm

⑦ (1) $\dfrac{16}{5}$ cm　(2) 6 cm

8 **21.6 m**

解説

1 三角形の相似条件である.
① 3組の辺の比がすべて等しい
② 2組の辺の比とその間の角がそれぞれ等しい
③ 2組の角がそれぞれ等しい
いずれかの条件にあてはまるものを探せばよい.

2 (1) △DEM と △DFC において, 仮定より,
DM : DC＝DE : DF＝1 : 2
また, ∠MDE＝∠CDF（共通）
よって, 2組の辺の比とその間の角がそれぞれ等しいから, △DEM∽△DFC

(2) △ADM と △DFC において, (1)より, 対応する角が等しいから, ∠DFC＝∠DEM＝90° であり,
AM∥FC であるので, ∠AMD＝∠DCF
また, ∠ADM＝90°
よって, 2組の角がそれぞれ等しいから,
△ADM∽△DFC

3 正四面体 A, B は相似であり, 表面積の比は
40 : 90＝4 : 9＝2² : 3² であるから,
相似比は 2 : 3, 体積比は 2³ : 3³＝8 : 27

4 △ABC と △OBC において, 中点連結定理より,
PQ∥BC, PQ＝$\frac{1}{2}$BC, RS∥BC, RS＝$\frac{1}{2}$BC
よって, PQ∥RS, PQ＝RS
したがって, 四角形 PRSQ は, 1組の対辺が平行でその長さが等しいから, 平行四辺形である.

5 M と N を結ぶ.△CAB において,中点連結定理より,
NM∥AB, NM＝$\frac{1}{2}$AB＝7 (cm)
AP＝x cm とすると, PM＝(9−x) cm
よって, AP : PM＝AB : NM＝14 : 7＝2 : 1
x : (9−x)＝2 : 1 x＝2(9−x) x＝6

6 AE : ED＝2 : 1 より,
AE : BC＝2 : (2＋1)＝2 : 3
AD∥BC より, EF : FB＝AE : BC＝2 : 3
EF＝4×$\frac{2}{3}$＝$\frac{8}{3}$ (cm), BE＝4＋$\frac{8}{3}$＝$\frac{20}{3}$ (cm)
また, AD∥BC より,
GE : GB＝ED : BC＝1 : 3
よって, EG : BE＝1 : (3−1)＝1 : 2
したがって, EG＝$\frac{20}{3}$×$\frac{1}{2}$＝$\frac{10}{3}$ (cm)

7 (1) 線分 AD が ∠A の二等分線であるから,
BD : CD＝AB : AC が成り立つ.
BD＝x cm とすると, x : (8−x)＝4 : 6＝2 : 3
3x＝2(8−x) x＝$\frac{16}{5}$ より, BD＝$\frac{16}{5}$ cm

(2) AB∥CE であるから,
AB : CE＝BD : CD＝2 : 3
4 : CE＝2 : 3 より, CE＝6 cm
別解 角度に注目してもよい.
AB∥CE より錯角が等しいから,
∠CED＝∠BAD
よって, △CEA は CE＝CA の二等辺三角形であるから, CE＝6 cm

8 図に表すと右の図のようになる。目線の高さは 1.6 m であるから, 鉄塔の高さは,
20＋1.6＝21.6 (m)

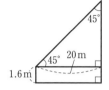

第6章 円

22 円周角の定理①

トライ ➡本冊 p.56

1 (1) ∠x＝90°, ∠y＝26°
(2) ∠x＝68°, ∠y＝100°
(3) ∠x＝27°, ∠y＝47°

2 (1) 75° (2) 解説参照

3 ∠x＝48°

4 解説参照

解説

1 1つの弧に対する円周角の大きさは, 中心角の大きさの半分となる。また, 同じ弧に対する円周角の大きさは等しい。

(1) ∠x は半円の弧に対する円周角なので,
∠x＝180°÷2＝90° △CAB の内角の和から,
∠y＝180°−(90°＋64°)＝26°

(2) $\overset{\frown}{CD}$ に対する円周角が等しいから, ∠x＝68°
△AED において, ∠y＝68°＋32°＝100°

(3) △DBE において, ∠ABD＝70°−43°＝27°
$\overset{\frown}{AD}$ に対する円周角が等しいから, ∠x＝27°
∠ACBは半円の弧に対する円周角なので 90°,
$\overset{\frown}{BC}$ に対する円周角が等しいから, ∠CAB＝43°
△CAB において, ∠y＝180°−(90°＋43°)＝47°

2 弧の長さと円周角の大きさは比例する。

(1) ∠BDA＝180°×$\frac{5}{5＋2＋3＋2}$＝75°

(2) 条件より, $\overset{\frown}{BC}$: $\overset{\frown}{DA}$＝2 : 2＝1 : 1 であるから,
$\overset{\frown}{BC}$＝$\overset{\frown}{DA}$ であり, ∠BDC＝∠ABD
よって, 錯角が等しいから, AB∥DC

3 △ABD の内角の和から,
∠ADB＝180°−(100°＋48°)＝32°

∠ADB＝∠ACB より，円周角の定理の逆から，
4 点 A，B，C，D は 1 つの円周上にある。
$\overset{\frown}{\mathrm{AD}}$ に対する円周角が等しいから，∠x＝48°

> くわしく! 1 つの円周上にある 4 点 …… チャート式参考書 ≫p.157

4 ∠A＝90° より，∠A は BD を直径とする半円の
弧に対する円周角と考えることができるので，3 点
A，B，D は 1 つの円周上にある。
同様に，3 点 B，C，D も 1 つの円周上にある。
よって，4 点 A，B，C，D は 1 つの円周上にある。

チャレンジ ➡本冊 p.57

100°

解説

∠CDE は半円の弧に対する円周角なので 90° であり，
△CDE の内角の和から，∠DCE＝50°
線分 AD をひくと，BD＝DE より $\overset{\frown}{\mathrm{BD}}=\overset{\frown}{\mathrm{DE}}$ であり，
∠BAD＝∠DCE＝50°
$\overset{\frown}{\mathrm{DE}}$ に対する円周角が等しいから，
∠DAE＝∠DCE＝50°
よって，∠BAE＝∠BAD＋∠DAE＝100°

23 円周角の定理②

トライ ➡本冊 p.58

1 (1) **2 cm** (2) **6 cm**
2 ∠x＝69°，∠y＝21°
3 ∠x＝62°
4 解説参照

解説

1 円の外部からその円にひいた 2 つの接線の接点まで
の長さは等しい。
(1) AF＝AD＝2 cm
(2) BE＝BD＝3 cm，CF＝CE＝7－3＝4 (cm)
より，AC＝2＋4＝6 (cm)
2 PA＝PB より，△PAB は二等辺三角形なので，
∠x＝(180°－42°)÷2＝69°
円の接線は，接点を通る半径に垂直であるから，
∠OBP＝90°　∠y＝90°－69°＝21°
3 線分 OP をひく。円の接線は，接点を通る半径に垂
直であるから，∠OPC＝90°
△OPC において，∠BOP＝90°＋34°＝124°
$\overset{\frown}{\mathrm{BP}}$ に対する円周角より，∠x＝124°×$\frac{1}{2}$＝62°
4 △ABQ と △APB において，
∠QAB＝∠BAP（共通）

AB＝AC より，△ABC は二等辺三角形なので，
∠ABC＝∠ACB
$\overset{\frown}{\mathrm{AB}}$ に対する円周角が等しいから，
∠APB＝∠ACB　よって，∠ABQ＝∠APB
2 組の角がそれぞれ等しいから，△ABQ∽△APB

> くわしく! 円と相似な三角形 ………… チャート式参考書 ≫p.160

チャレンジ ➡本冊 p.59

(1) **12 cm** (2) $\frac{65}{4}$ **cm**

解説

(1) AH＝x cm とすると，$\frac{1}{2}$×14×x＝84　　x＝12
(2) B と I を結ぶ。△ABI と △AHC において，
∠ABI は半円の弧に対する円周角なので 90° であ
り，∠ABI＝∠AHC
$\overset{\frown}{\mathrm{AB}}$ に対する円周角が等しいから，
∠AIB＝∠ACB　すなわち ∠AIB＝∠ACH
2 組の角がそれぞれ等しいから，△ABI∽△AHC
対応する辺の比が等しいから，
AB：AH＝AI：AC
15：12＝AI：13　　AI＝15×$\frac{13}{12}$＝$\frac{65}{4}$ (cm)

> 別解 C と I を結んで考えてもよい。
> △ACI と △AHB において，∠ACI は半円の弧
> に対する円周角なので 90° であり，
> ∠ACI＝∠AHB
> $\overset{\frown}{\mathrm{AC}}$ に対する円周角が等しいから，
> ∠AIC＝∠ABC　すなわち ∠AIC＝∠ABH
> 2 組の角がそれぞれ等しいから，△ACI∽△AHB
> 対応する辺の比が等しいから，
> AB：AI＝AH：AC

24 円のいろいろな問題

トライ ➡本冊 p.60

1 (1) ∠x＝74°，∠y＝89°
　(2) ∠x＝76°，∠y＝104°
2 (1) ∠x＝73° (2) ∠x＝57°
3 (1) x＝18 (2) x＝8
4 ∠x＝49°

解説

1 円に内接する四角形の外角は，それととなり合う内
角の対角に等しい。また，2 つの対角の和は 180°
となる。

(2) △BCD の内角の和から，
$$\angle x=180°-(46°+58°)=76°$$
$$\angle y=180°-76°=104°$$

2 円の接線とその接点を通る弦のつくる角は，その内部にある弧に対する円周角に等しい。

(2) 接弦定理より，$\angle ACB=\angle TAB=65°$
△ABC の内角の和から，
$$\angle x=180°-(65°+58°)=57°$$

3 方べきの定理を利用する。

(1) $PA\times PB=PC\times PD$ より，
$$6\times x=9\times12 \qquad x=18$$

(2) $PA\times PB=PC^2$ より，$4\times(4+12)=x^2 \quad x^2=64$
$x>0$ より，$x=8$

くわしく! 方べきの定理と線分の長さ …… **チャート式参考書** ≫p.168

4 四角形 ABCD が円に内接しているので，
$$\angle DAB=180°-82°=98°$$
接弦定理より，$\angle ADB=33°$
△ABD の内角の和から，
$$\angle x=180°-(98°+33°)=49°$$

チャレンジ ⇒本冊 p.61

$$\angle x=30°$$

解説

四角形 ABCD が円に内接しているので，
$$\angle DAB=180°-104°=76°$$
接弦定理より，$\angle ABD=58°$
△ABD の内角の和から，
$$\angle ADB=180°-(76°+58°)=46°$$
$\overarc{AB}=\overarc{BC}$ より，$\angle BDC=\angle ADB=46°$
△CBD の内角の和から，
$$\angle x=180°-(104°+46°)=30°$$

確認問題⑥ ⇒本冊 p.62

1 (1) $\angle x=16°$ (2) $\angle x=18°$

2 $80°$

3 $\angle x=38°$

4 (1) 3 cm (2) $6\sqrt{6}$ cm²

5 解説参照

6 (1) $\angle x=95°$，$\angle y=104°$
(2) $\angle x=44°$，$\angle y=78°$

7 (1) $\angle x=31°$ (2) $\angle x=48°$

8 $x=4$

解説

1 (1) O と C を結ぶ。$\overarc{CD}$ に対する円周角が $25°$ なので，
$$\angle COD=25°\times2=50°，\quad \angle BOC=82°-50°=32°$$
$\angle x$ は $\overarc{BC}$ に対する円周角なので，
$$\angle x=32°\times\frac{1}{2}=16°$$

(2) OB と AC の交点を D とする。
△BCD において，$\angle ODC=26°+44°=70°$
$\overarc{AB}$ に対する円周角が $26°$ なので，
$$\angle AOB=26°\times2=52°$$
△OAD において，$\angle x=70°-52°=18°$

2 円の中心を O とし，線分 OI，OH，EH をひく。
条件より，$\angle HOI=360°\div9=40°$
$\angle HEI$ は $\overarc{HI}$ に対する円周角なので，
$$\angle HEI=40°\times\frac{1}{2}=20°$$
$\overarc{BE}:\overarc{HI}=3:1$ より，$\angle BHE=20°\times3=60°$
△EHJ において，$\angle IJH=20°+60°=80°$

3 △AED において，$\angle EAD=89°-55°=34°$
$\angle CBD=\angle CAD$ より，円周角の定理の逆から，
4 点 A，B，C，D は 1 つの円周上にある。
$\overarc{AD}$ に対する円周角が等しいから，$\angle ABD=\angle x$
△ABE の内角の和から，
$$\angle ABE=180°-(89°+53°)=38°$$
よって，$\angle x=38°$

4 (1) 円が △ABC に内接しているので，
$AP=AR$，$BP=BQ$，$CQ=CR$
$AP=x$ cm とすると，$BP=BQ=(7-x)$ cm，
$CQ=CR=6-(7-x)=x-1$ (cm)，
$AR=5-(x-1)=6-x$ (cm) と表される。
よって，$x=6-x \qquad x=3$

別解 $AP=AR=x$ cm としてもよい。
このとき，$BP=(7-x)$ cm，$CR=(5-x)$ cm，
$BC=BQ+QC=(7-x)+(5-x)$
$\qquad=12-2x$ (cm) と表される。
よって，$6=12-2x \qquad x=3$

(2) 円の中心を O とし，線分 OA，OB，OC をひく。
$△ABC=△OAB+△OBC+△OCA$
円の接線は，接点を通る半径に垂直であるから，
$$△ABC=\frac{1}{2}\times(7+6+5)\times\frac{2\sqrt{6}}{3}$$
$$\qquad=\frac{1}{2}\times18\times\frac{2\sqrt{6}}{3}=6\sqrt{6} \text{ (cm²)}$$

5 △ADE と △BCD において，$\overarc{CD}$ に対する円周角が等しいから，$\angle DAC=\angle DBC$ すなわち，
$\angle DAE=\angle CBD$
また，$\overarc{BC}$ に対する円周角が等しいから，
$\angle BAC=\angle BDC$

AB∥DE より錯角が等しいから，

∠BAC＝∠DEA

よって，∠DEA＝∠CDB

したがって，2組の角がそれぞれ等しいから，

△ADE∽△BCD

6 (1) 四角形 ABCD が円に内接しているので，

∠x＝180°－85°＝95°，∠y＝104°

(2) 四角形 ABCD が円に内接しているので，

∠BCD＝82°，∠ACD＝82°－38°＝44°

$\overset{\frown}{\text{AD}}$ に対する円周角が等しいから，∠x＝44°

また，∠CBD＝∠CAD＝58°

∠ABC＝44°＋58°＝102°

よって，∠y＝180°－102°＝78°

7 (1) 接弦定理より，∠BTC＝∠x

△BTC において，∠BTC＝77°－46°＝31°

よって，∠x＝31°

(2) 線分 ST をひくと，接弦定理より，∠PST＝66°

PS＝PT より，△PST は二等辺三角形であるから，

∠x＝180°－66°×2＝48°

8 PA×PB＝PT² より，$(x+5)\times x=6^2$

$x^2+5x-36=0$ これを解くと，$x=4$，-9 となるが，$x>0$ なので，適する値は $x=4$ である。

第7章 三平方の定理

㉕ 三平方の定理

トライ ⟹本冊 p.64

1 (1) $x=2\sqrt{5}$ (2) $x=2\sqrt{3}$ (3) $x=6$

2 (1) $c=5$ cm (2) $a=4\sqrt{2}$ cm

(3) $b=4\sqrt{6}$ cm

3 (1) 直角三角形でない (2) 直角三角形である

4 8 cm

解説

1 直角三角形の直角をはさむ2辺の長さを a，b，斜辺の長さを c とすると，$a^2+b^2=c^2$ が成り立つ。

(1) $x^2=4^2+2^2=20$ $x>0$ より，$x=2\sqrt{5}$

(2) $(2\sqrt{6})^2+x^2=6^2$ $x^2=12$ $x>0$ より，$x=2\sqrt{3}$

(3) $8^2+x^2=10^2$ $x^2=36$ $x>0$ より，$x=6$

2 △ABC は，∠C＝90° の直角三角形なので，$a^2+b^2=c^2$ が成り立つ。

(1) $c^2=3^2+4^2=25$ $c>0$ より，$c=5$

(2) $a^2+7^2=9^2$ $a^2=32$ $a>0$ より，$a=4\sqrt{2}$

(3) $10^2+b^2=14^2$ $b^2=96$ $b>0$ より，$b=4\sqrt{6}$

3 3辺の長さが a，b，c の三角形で，$a^2+b^2=c^2$ の関係が成り立つならば，直角三角形であるといえる。

(1) $4^2+6^2=52$，$8^2=64$ より，$4^2+6^2\neq8^2$

(2) $(2\sqrt{3})^2+(\sqrt{6})^2=18$，$(3\sqrt{2})^2=18$ より，$(2\sqrt{3})^2+(\sqrt{6})^2=(3\sqrt{2})^2$

4 もっとも短い辺の長さを x cm とすると，もう1辺の長さは $(x+7)$ cm と表される。

三平方の定理より，$x^2+(x+7)^2=17^2$

整理すると，$x^2+7x-120=0$ となる。

これを解くと，$x=8$，-15 となるが，$x>0$ より，$x=8$ となる。

くわしく！ 三平方の定理と方程式 ……… チャート式参考書 ≫p.177

チャレンジ ⟹本冊 p.65

解説参照

解説

方べきの定理より，BQ×BP＝BC² であるから，

$(c-a)(c+a)=b^2$ $c^2-a^2=b^2$

よって，$a^2+b^2=c^2$

㉖ 三平方の定理の利用①

トライ ⟹本冊 p.66

1 (1) $x=3\sqrt{3}$ (2) $x=2\sqrt{11}$

2 (1) $x=2$ (2) $3\sqrt{5}$ cm (3) $12\sqrt{5}$ cm²

3 (1) $x=4$，$y=4\sqrt{2}$ (2) $x=3$，$y=3\sqrt{3}$

4 $(1+\sqrt{6})$ cm

解説

1 直角三角形を見つけて三平方の定理を使う。

(1) △ABD において，$5^2+\text{AD}^2=6^2$ $\text{AD}^2=11$

△ACD において，$x^2=4^2+\text{AD}^2=16+11=27$

$x>0$ より，$x=3\sqrt{3}$

(2) △ABD において，$1^2+\text{AB}^2=3^2$ $\text{AB}^2=8$

△ABC において，$x^2=6^2+\text{AB}^2=36+8=44$

$x>0$ より，$x=2\sqrt{11}$

2 直角三角形を見つけて三平方の定理を使う。

(1) △ABH において，$\text{AH}^2=7^2-x^2$

△ACH において，$\text{AH}^2=9^2-(8-x)^2$

よって，$49-x^2=81-(64-16x+x^2)$

これを解くと，$x=2$

(2) $\text{AH}^2=49-2^2=45$ $\text{AH}>0$ より，

$\text{AH}=3\sqrt{5}$ cm

(3) $\dfrac{1}{2}\times8\times3\sqrt{5}=12\sqrt{5}$ （cm²）

くわしく！ 三角形の高さと面積 ………… チャート式参考書 ≫p.182

3 特別な直角三角形の 3 辺の比を使う。

(1) 直角二等辺三角形なので，3 辺の比は $1:1:\sqrt{2}$ となる。
$$x=4, \quad y=4\times\sqrt{2}=4\sqrt{2}$$

(2) 角が $30°$，$60°$，$90°$ の直角三角形なので，3 辺の比は $1:2:\sqrt{3}$ となる。
$$x=6\times\frac{1}{2}=3, \quad y=6\times\frac{\sqrt{3}}{2}=3\sqrt{3}$$

4 $\triangle$ACD は，角が $30°$，$60°$，$90°$ の直角三角形なので，CD$=2\times\dfrac{1}{2}=1$ (cm)，

AD$=2\times\dfrac{\sqrt{3}}{2}=\sqrt{3}$ (cm)

$\triangle$ABD において，BD$^2=3^2-(\sqrt{3})^2=6$

BD>0 より，BD$=\sqrt{6}$ cm

よって，BC$=(1+\sqrt{6})$ cm

チャレンジ →本冊 p.67

$2\sqrt{3}$ cm

解説

AH$=x$ cm とすると，

$\triangle$ABH において，AB$^2=x^2+4^2$

$\triangle$ACH において，AC$^2=x^2+3^2$

$\triangle$ABC において，AB$^2+$AC$^2=(3+4)^2$

よって，$(x^2+16)+(x^2+9)=49 \qquad x^2=12$

$x>0$ より，$x=2\sqrt{3}$

27 三平方の定理の利用②

トライ →本冊 p.68

1 8 cm

2 $2\sqrt{10}$ cm

3 $4\sqrt{7}$ cm

4 (1)① $3\sqrt{5}$ ② $\sqrt{65}$ ③ $2\sqrt{5}$
(2) $\angle$A$=90°$ の直角三角形

解説

1 円の中心 O から弦 AB にひいた垂線の足を点Hとすると，AH$=$BH が成り立つ。

$\triangle$OAH において，AH$^2=5^2-3^2=16$

AH>0 より，AH$=4$ cm

よって，AB$=4\times2=8$ (cm)

▷くわしく！ 三平方の定理と円……………… チャート式参考書 ≫p.184

2 円の接線は，接点を通る半径に垂直であるから，$\triangle$OAP は直角三角形である。

$\triangle$OAP において，OA$^2=6^2+2^2=40$

OA>0 より，OA$=2\sqrt{10}$ cm

3 2 つの円に共通な接線は，それぞれの接点を通る円の半径にともに垂直であるから，O′ から OA にひいた垂線の足を点Hとすると，AB$=$O′H となる。

OO′$=7+4=11$ (cm)

$\triangle$OO′H において，O′H$^2=11^2-(7-4)^2=112$

O′H>0 より，O′H$=4\sqrt{7}$ cm

よって，AB$=4\sqrt{7}$ cm

▷くわしく！ 2 つの円に共通の接線……… チャート式参考書 ≫p.185

4 座標平面上の 2 点間の距離は，

$\sqrt{(x座標の差)^2+(y座標の差)^2}$ で計算できる。

(1)① AB$=\sqrt{(-2-1)^2+(-3-3)^2}=\sqrt{45}=3\sqrt{5}$

② BC$=\sqrt{\{5-(-2)\}^2+\{1-(-3)\}^2}=\sqrt{65}$

③ CA$=\sqrt{(1-5)^2+(3-1)^2}=\sqrt{20}=2\sqrt{5}$

(2) AB$^2+$CA$^2=$BC^2 が成り立つから，$\angle$A$=90°$ の直角三角形であることがわかる。

チャレンジ →本冊 p.69

(1) $3\sqrt{3}$ cm (2) $2\sqrt{3}$ cm

解説

(1) 線分 CD をひく。$\triangle$ACD において，$\angle$ACD は半円の弧に対する円周角なので $90°$ であり，

$\angle$ADC$=180°-(90°+30°)=60°$

よって，$\triangle$ACD は，角が $30°$，$60°$，$90°$ の直角三角形なので，AC$=6\times\dfrac{\sqrt{3}}{2}=3\sqrt{3}$ (cm)

(2) $\overparen{\text{AC}}$ に対する円周角が等しいから，

$\angle$ABC$=\angle$ADC$=60°$ すなわち，$\angle$ABH$=60°$

$\triangle$ABH の内角の和から，

$\angle$BAH$=180°-(90°+60°)=30°$

よって，$\triangle$ABH は，角が $30°$，$60°$，$90°$ の直角三角形なので，AH$=4\times\dfrac{\sqrt{3}}{2}=2\sqrt{3}$ (cm)

28 三平方の定理の利用③

トライ →本冊 p.70

1 $2\sqrt{13}$ cm

2 (1) $(10-x)$ cm (2) $\dfrac{25}{4}$ cm

3 (1) $\sqrt{29}$ cm (2) $6\sqrt{3}$ cm (3) 7 cm

解説

1 折り返した図形であるから，$\triangle$BDC$\equiv\triangle$BDC′ が

成り立つので，BC＝BC′＝6 cm

また，DC＝AB＝4 cm

よって，△DBC において，BD²＝6²＋4²＝52

BD＞0 より，BD＝2√13 cm

2 (1) 折り返した図形であるから，△AFG≡△EFG

が成り立つので，AF＝EF＝x cm

FB＝AB－AF であるから，FB＝$(10-x)$ cm

(2) △FEB において，5²＋$(10-x)^2$＝x^2

これを解くと，$x=\dfrac{25}{4}$

3 縦，横，高さがそれぞれ a，b，c の直方体の対角線

の長さは，$\sqrt{a^2+b^2+c^2}$ である。

(1) $\sqrt{2^2+3^2+4^2}=\sqrt{29}$ (cm)

(2) $\sqrt{6^2+6^2+6^2}=\sqrt{3\times6^2}=6\sqrt{3}$ (cm)

(3) 1 辺の長さを x cm とすると，対角線の長さは，

$x>0$ より，$\sqrt{x^2+x^2+x^2}=\sqrt{3x^2}=x\sqrt{3}$ (cm)

よって，$x\sqrt{3}=7\sqrt{3}$　　$x=7$

チャレンジ ➡本冊 p.71

(1) 解説参照 (2)① $\dfrac{15}{4}$ cm ② $\dfrac{125}{8}$ cm²

解説

(1) △CDF と △GDE において，折り返した図形の辺

の長さや角の大きさは等しいことから，

GD＝AB，∠DGE＝∠BAE＝90°

よって，GD＝CD，∠DGE＝∠DCF＝90°

また，∠CDF＝90°－∠EDF＝∠GDE より，

∠CDF＝∠GDE

したがって，1 組の辺とその両端の角がそれぞれ等

しいから，△CDF≡△GDE

(2)① EG＝x cm とすると，EA＝x cm，

ED＝$(10-x)$ cm と表される。

AB＝5 cm より，GD＝5 cm であるから，

△GDE において，$x^2+5^2=(10-x)^2$

これを解くと，$x=\dfrac{15}{4}$

② ED＝$10-\dfrac{15}{4}=\dfrac{25}{4}$ (cm)

よって，△DEF＝$\dfrac{1}{2}\times\dfrac{25}{4}\times5=\dfrac{125}{8}$ (cm²)

くわしく！ 図形の折り返しと線分の長さ … チャート式参考書 ≫p.187

29 三平方の定理の利用④

トライ ➡本冊 p.72

1 $\dfrac{125\sqrt{3}}{3}\pi$ cm³

2 (1) $2\sqrt{2}$ cm (2) $2\sqrt{7}$ cm (3) $\dfrac{32\sqrt{7}}{3}$ cm³

3 $4\sqrt{5}$ cm

解説

1 円錐の高さを h cm とすると，

$5^2+h^2=10^2$　$h^2=75$　$h>0$ より，$h=5\sqrt{3}$

よって，円錐の体積は，

$\dfrac{1}{3}\times(\pi\times5^2)\times5\sqrt{3}=\dfrac{125\sqrt{3}}{3}\pi$ (cm³)

2 (1) △ABC は直角二等辺三角形なので，

AC＝$4\times\sqrt{2}=4\sqrt{2}$ (cm)

よって，AH＝$4\sqrt{2}\div2=2\sqrt{2}$ (cm)

(2) △OAH において，$(2\sqrt{2})^2+OH^2=6^2$

$OH^2=28$　OH＞0 より，OH＝$2\sqrt{7}$ cm

(3) $\dfrac{1}{3}\times4^2\times2\sqrt{7}=\dfrac{32\sqrt{7}}{3}$ (cm³)

3 展開図の一部をかくと，下の図のようになる。

糸の長さがもっとも短く

なるのは，展開図上で頂

点 A，F を線分で結んだ

ときである。

BF＝4 cm，

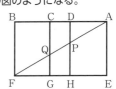

AB＝3＋2＋3＝8 (cm) より，糸の長さは，

$\sqrt{4^2+8^2}=\sqrt{80}=4\sqrt{5}$ (cm)

くわしく！ 立体の表面上の最短経路 …… チャート式参考書 ≫p.191

チャレンジ ➡本冊 p.73

(1) $3\sqrt{5}$ cm (2) 18 cm² (3) 24 cm³

解説

(1) △ABD は AB＝BD の二等辺三角形であり，点

M は AD の中点であるから，BM⊥AD，

AM＝2 cm

△ABM において，BM³＋2²＝7²

BM²＝45　BM＞0 より，BM＝$3\sqrt{5}$ cm

(2) (1)と同様に，CM＝$3\sqrt{5}$ cm であるから，

△MBC は BM＝CM の二等辺三角形である。

BC の中点を N とすると，MN⊥BC，

BN＝3 cm

△MBN において，MN²＋3²＝$(3\sqrt{5})^2$

MN²＝36　MN＞0 より，MN＝6 cm

よって，△MBC＝$\dfrac{1}{2}\times6\times6=18$ (cm²)

(3) 四面体 ABCD の体積は，四面体 ABCM の体積と

四面体 DBCM の体積の和である。

AD⊥△MBC であるから，求める体積は，

$$\left(\frac{1}{3}\times18\times2\right)\times2=24 \text{ (cm}^3)$$

確認問題⑦ ➡ 本冊 p.74

1 (1) $4\sqrt{5}$ cm (2) 直角三角形である

2 5 cm，12 cm

3 (1) 4 cm (2) 45 cm² (3) $3\sqrt{10}$ cm

4 $5\sqrt{5}$ cm

5 ∠A＝90° の直角二等辺三角形

6 ED＝$\frac{5}{2}$ cm，△CEF＝$\frac{39}{2}$ cm²，

　　EF＝$2\sqrt{13}$ cm

7 (1) $\sqrt{38}$ cm (2) $\sqrt{35}$ cm

8 $\frac{80}{3}$ cm³

9 6 cm

解説

1 (1) $\sqrt{4^2+8^2}=\sqrt{80}=4\sqrt{5}$ (cm)

(2) $20^2+21^2=841$，$29^2=841$ より，$20^2+21^2=29^2$

2 斜辺でない 2 辺のうち短い方の長さを x cm とする
と，もう 1 辺の長さは $(17-x)$ cm と表される。
三平方の定理より，$x^2+(17-x)^2=13^2$
整理すると，$x^2-17x+60=0$ となる。
これを解くと，$x=5$，12 となり，$x<17-x$ であ
るから，$x=5$
このとき，残る 1 辺の長さは，$17-5=12$ (cm)

3 (1) 線分 OA をひく。円の半径は，
$(8+2)\div2=5$ (cm) であるから，OA＝5 cm，
OE＝$5-2=3$ (cm)
△AEO において，$3^2+AE^2=5^2$　　$AE^2=16$
AE＞0 より，AE＝4 cm

　別解　補助線をひかずに求めてもよい。
△ABE において，$8^2+AE^2=AB^2$
△AED において，$2^2+AE^2=AD^2$
∠BAD は半円の弧に対する円周角なので 90° であ
り，△ABD において，$AB^2+AD^2=(8+2)^2$
よって，$64+4+2AE^2=100$　　$AE^2=16$
AE＞0 より，AE＝4 cm

(2) 四角形 ABCD の面積は，△ABD の面積と
△CBD の面積の和である。BD＝10 cm より，
$\left(\frac{1}{2}\times10\times4\right)+\left(\frac{1}{2}\times10\times5\right)=45$ (cm²)

(3) 対角線 AC と直線 AE をひく。点 C から直線 AE

に"おろした垂線の足を点 F とすると，
CF＝OE＝3 cm，EF＝OC＝5 cm
△ACF において，$AC^2=3^2+(4+5)^2=90$
AC＞0 より，AC＝$3\sqrt{10}$ cm

4 右の図のように，点 O
から直線 O'B におろ
した垂線の足を点 C と
すると，AB＝OC，
BC＝AO＝6 cm
△O'OC において，
$OC^2+(4+6)^2=15^2$　　$OC^2=125$
OC＞0 より，OC＝$5\sqrt{5}$ cm
よって，AB＝$5\sqrt{5}$ cm

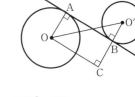

5 $AB=\sqrt{\{5-(-1)\}^2+\{-5-(-2)\}^2}=\sqrt{45}=3\sqrt{5}$
$BC=\sqrt{(2-5)^2+\{4-(-5)\}^2}=\sqrt{90}=3\sqrt{10}$
$CA=\sqrt{(-1-2)^2+(-2-4)^2}=\sqrt{45}=3\sqrt{5}$
AB＝CA かつ，$AB^2+CA^2=BC^2$ が成り立つか
ら，∠A＝90° の直角二等辺三角形であることがわ
かる。

6 ED＝x cm とすると，AE＝$(9-x)$ cm
折り返した図形であるから，
CE＝AE＝$(9-x)$ cm
△DEC において，$x^2+6^2=(9-x)^2$
これを解くと，$x=\frac{5}{2}$ より，ED＝$\frac{5}{2}$ cm
同様に，BF＝y cm とすると，
△FB'C において，$y^2+6^2=(9-y)^2$ が成り立ち，
$y=\frac{5}{2}$，すなわち BF＝$\frac{5}{2}$ cm となる。
よって，FC＝$9-\frac{5}{2}=\frac{13}{2}$ (cm) より，
$\triangle CEF=\frac{1}{2}\times\frac{13}{2}\times6=\frac{39}{2}$ (cm²)
点 E から FC におろした垂線の足を点 H とすると，
HC＝ED＝$\frac{5}{2}$ cm，FH＝$\frac{13}{2}-\frac{5}{2}=4$ (cm)
△EFH において，$EF^2=4^2+6^2=52$
EF＞0 より，EF＝$2\sqrt{13}$ cm

7 (1) $BH=\sqrt{5^2+3^2+2^2}=\sqrt{38}$ (cm)

(2) 線分 HM，HF をひく。MF＝$2\div2=1$ (cm)
△HEF において，$HF^2=5^2+3^2=34$
△MHF において，$HM^2=HF^2+1^2=34+1=35$
HM＞0 より，HM＝$\sqrt{35}$ cm

8 △ABC は，AB＝BC の直角二等辺三角形である
から，AB＝BC＝$8\times\frac{1}{\sqrt{2}}=4\sqrt{2}$ (cm)
よって，三角錐 OABC の体積は，

$$\frac{1}{3} \times \left(\frac{1}{2} \times 4\sqrt{2} \times 4\sqrt{2} \right) \times 5 = \frac{80}{3} \text{ (cm}^3\text{)}$$

❾ 展開図は右の図のようになる。
底面の円周の長さは $\overset{\frown}{AA'}$ の
長さと等しいので，
∠AOA′＝x° とすると，

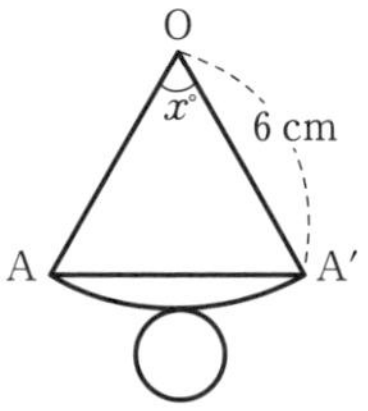

$$2 \times 1 \times \pi = 2 \times 6 \times \pi \times \frac{x}{360}$$

よって，∠AOA′＝60° となる。
糸の長さがもっとも短くなるのは，点 A，A′ を線
分で結んだときであり，△OAA′ は正三角形である
から，AA′＝6 cm となる。

第8章　資料の整理

㉚ 母集団と標本

トライ ➡本冊 p.76

1 (1) 標本調査　(2) 全数調査　(3) 標本調査

2 ③

3 29 回

4 (1) 母集団の大きさ…82, 標本の大きさ…10
　(2) 母集団の大きさ…149, 標本の大きさ…20
　(3) 母集団の大きさ…248, 標本の大きさ…30

解説

1 対象の全部を調べることが現実的で意味のある場合
は全数調査，そうでない場合は標本調査を行う。

(1) 川の水すべてを取り出して調査することは非現実的
であるから，標本調査が適当である。

(2) クラス 40 人全員の通学距離を調べることは現実的で
あるから，全数調査が適当である。

(3) 持っているマンガの冊数を日本の中学生全員に調査
することは非現実的であるから，標本調査が適当で
ある。

くわしく！　全数調査と標本調査……… チャート式参考書 ≫p.199

2 標本は，できるだけかたよりがないように，無作為
に抽出する。

① 同じ町に住んでいる生徒の通学時間は同じくらいと
考えられるから，抽出法にかたよりがある。

② 自転車以外の手段で通学している生徒の通学時間が
調査されず，抽出法にかたよりがある。

③ くじ引きの結果は偶然によるから，抽出法にかたよ
りがない。

3 取り出した標本の平均値を考える。
(27＋34＋40＋28＋16)÷5＝29 (回)

4 母集団と標本それぞれの資料の個数がいくつになる
かを考える。

---

(1) 母集団の大きさは，1 年生の男子全員であるから，
82 人。
標本の大きさは，選ばれた 10 人。

(2) 母集団の大きさは，2 年生全員であるから，
75＋74＝149 (人)
標本の大きさは，選ばれた 20 人。

(3) 母集団の大きさは，女子全員であるから，
90＋74＋84＝248 (人)
標本の大きさは，選ばれた 30 人。

チャレンジ ➡本冊 p.77

400 個

解説

取り出した 300 個の製品にふくまれていた不良品の割
合は，$\frac{2}{300} = \frac{1}{150}$

よって，母集団における不良品の割合も $\frac{1}{150}$ と推定で
きる。不良品の個数は，およそ，

$$60000 \times \frac{1}{150} = 400 \text{ (個)}$$

入試対策テスト ➡本冊 p.78

❶ (1) $3x^2 - 4x - 15$　(2) $14x^2 + 13xy - 11y^2$
　(3) $47a^2 - ab - 13b^2$

❷ (1) $2\sqrt{10}$　(2) 4　(3) 24　(4) $8\sqrt{15}$

❸ (1) $-a^2 + 10a$　(2) $a = 3, 7$

❹ 解説参照

❺ (1) 解説参照　(2) 6 cm

❻ 57°

❼ (1) $y = \frac{2}{3}x + \frac{13}{3}$　(2) $d = 15$

❽ 標本平均…26 個，割合…$\frac{13}{20}$

解説

❶ (1) $(x^2 - 5x - 14) + (2x^2 + x - 1) = 3x^2 - 4x - 15$

(2) $(15x^2 + 7xy - 2y^2) - (x^2 - 6xy + 9y^2)$
　$= 15x^2 + 7xy - 2y^2 - x^2 + 6xy - 9y^2$
　$= 14x^2 + 13xy - 11y^2$

(3) $(7a)^2 - (4b)^2 - (2a^2 + ab - 3b^2)$
　$= 49a^2 - 16b^2 - 2a^2 - ab + 3b^2$
　$= 47a^2 - ab - 13b^2$

❷ (1) $x + y = (\sqrt{10} + \sqrt{6}) + (\sqrt{10} - \sqrt{6}) = 2\sqrt{10}$

(2) $xy=(\sqrt{10}+\sqrt{6})(\sqrt{10}-\sqrt{6})$
$=(\sqrt{10})^2-(\sqrt{6})^2=4$

(3) $x^2-2xy+y^2=(x+y)^2-4xy=(2\sqrt{10})^2-4\times4$
$=40-16=24$

(4) $x-y=(\sqrt{10}+\sqrt{6})-(\sqrt{10}-\sqrt{6})=2\sqrt{6}$
$x^2-y^2=(x+y)(x-y)=2\sqrt{10}\times2\sqrt{6}=8\sqrt{15}$

❸ (1) △POA は，PO＝PA の二等辺三角形であるから，点 A の x 座標は $2a$ と表される。
点 P の y 座標は $-a+10$ であるから，△POA の
面積は，$\dfrac{1}{2}\times2a\times(-a+10)=-a^2+10a$

(2) $-a^2+10a=21$ より，$a^2-10a+21=0$
これを解くと，$a=3,\ 7$ となる。
これらは，問題に適している。

❹ 出発してから x 秒後の点 P，Q の位置関係，および △APQ の面積は次のようになる。

[1] $0\leqq x\leqq3$ のとき
底辺は，AP＝x cm
高さは，BQ＝$2x$ cm
面積は，$y=\dfrac{1}{2}\times x\times2x=x^2$

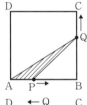

[2] $3\leqq x\leqq6$ のとき
底辺は，AP＝x cm
高さは，DA＝6 cm
面積は，$y=\dfrac{1}{2}\times x\times6=3x$

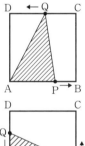

[3] $6\leqq x\leqq9$ のとき
底辺は，AQ＝$6\times3-2x$
$\qquad\qquad=18-2x$ (cm)
高さは，AB＝6 cm
面積は，$y=\dfrac{1}{2}\times(18-2x)\times6$
$\qquad\quad=-6x+54$

よって，グラフは下の図のようになる。

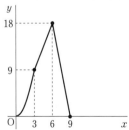

❺ (1) △ACD と △DBE において，
$\angle$ACD＝$\angle$DBE＝$60°$
△ACD において，
$\angle$ADB＝$\angle$ACD＋$\angle$CAD＝$60°+\angle$CAD

また，$\angle$ADB＝$60°+\angle$BDE であるから，
$\angle$CAD＝$\angle$BDE
よって，2 組の角がそれぞれ等しいから，
△ACD∽△DBE

(2) 対応する辺の比が等しいから，
CD：BE＝CA：BD＝25：15＝5：3
CD＝25－15＝10 (cm) より，10：BE＝5：3
よって，BE＝$10\times\dfrac{3}{5}=6$ (cm)

❻ $\angle$BAD は半円の弧に対する円周角なので $90°$ であり，△ABD の内角の和から，
$\angle$ADB＝$180°-(90°+\angle$ABD)＝$90°-\angle$ABD
また，AC と BD の交点を E とすると，△AED の内角の和から，
$\angle$ADB＝$180°-(90°+\angle$EAD)＝$90°-\angle$EAD
よって，$\angle$ABD＝$\angle$EAD
$\overgroup{\text{CD}}$ に対する円周角が等しいから，
$\angle$CAD＝$\angle$CBD　すなわち，$\angle$EAD＝$\angle$CBD
したがって，$\angle$ABD＝$\angle$CBD となるから，
$\angle$ABD＝$66°\div2=33°$，$\angle$ADB＝$90°-33°=57°$

❼ (1) 直線 ℓ の式を $y=ax+b$ とすると，
2 点 A$(-2,\ 3)$，B$(7,\ 9)$ を通るので，
$\begin{cases}3=-2a+b\\9=7a+b\end{cases}$　よって，$a=\dfrac{2}{3}$，$b=\dfrac{13}{3}$

(2) 右の図のように，x 軸について点 B と対称な点を B′ とすると，
PB＝PB′ であるから，
d＝AP＋BP＝AP＋PB′
d の値がもっとも小さくなるのは，点 A，P，B′ が一直線上にあるとき，

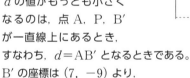

すなわち，d＝AB′ となるときである。
B′ の座標は $(7,\ -9)$ より，
AB′＝$\sqrt{\{7-(-2)\}^2+(-9-3)^2}=\sqrt{225}=15$

❽ 標本平均は，$(26+25+30+23)\div4=26$ (個)
1 回目に取り出した白玉の個数の割合は $\dfrac{26}{40}$，
2 回目は $\dfrac{25}{40}$，3 回目は $\dfrac{30}{40}$，4 回目は $\dfrac{23}{40}$ であるから，袋の中の白玉の個数の割合は，およそ，
$\left(\dfrac{26}{40}+\dfrac{25}{40}+\dfrac{30}{40}+\dfrac{23}{40}\right)\div4=\dfrac{104}{40}\times\dfrac{1}{4}=\dfrac{13}{20}$
と推定できる。